"十四五"职业教育国家规划教材

高职高专机电类专业系列教材

电工电子技术基础

主　编　王慧丽　刘　江
参　编　樊可钰　郭晓宇　张　勇
主　审　王莲花

U0240478

机械工业出版社

本书分为两篇，共 8 章，内容包括直流电路、正弦交流电路、电机与变压器、电力拖动、稳压电源电路分析、晶体管放大电路分析、数字电路基础、基本数字器件，每章均附有知识点、学习目标、知识内容等，章末附有习题，书末附有模拟测试题及参考答案、部分习题参考答案等。本书内容新颖且实用，知识结构合理，避免了繁杂的理论推导和计算，便于理实一体化教学模式的实现。

本书内容新颖且实用，知识结构合理，是一本重点突出、层次分明、便于教学、利于自学、版面活泼、可读性强的教材，可作为高等职业院校非电类专业教材，也可供相关工程技术人员参考。本书采用双色印刷。

为方便教学，本书植入若干二维码，读者可扫码观看教学视频与演示动画。此外，本书配有电子课件、试题、习题集、课程标准、实际操作任务评价单及教学计划等教学资源，凡选用本书作为授课教材的学校，均可登录 www.cmpedu.com 或致电 010-88379375 索取。

图书在版编目（CIP）数据

电工电子技术基础/王慧丽，刘江主编 .—北京：机械工业出版社，2019.1（2024.2 重印）

高职高专机电类专业系列教材

ISBN 978-7-111-61588-0

Ⅰ.①电⋯　Ⅱ.①王⋯ ②刘⋯　Ⅲ.①电工技术-高等职业教育-教材②电子技术-高等职业教育-教材　Ⅳ.①TM ②TN

中国版本图书馆 CIP 数据核字（2018）第 295259 号

机械工业出版社（北京市百万庄大街 22 号　邮政编码 100037）
策划编辑：高亚云　责任编辑：高亚云　王宗锋
责任校对：陈　越　封面设计：陈　沛
责任印制：郜　敏
三河市国英印务有限公司印刷
2024 年 2 月第 1 版第 17 次印刷
184mm×260mm · 12.75 印张 · 293 千字
标准书号：ISBN 978-7-111-61588-0
定价：39.80 元

电话服务　　　　　　　　　　网络服务
客服电话：010-88361066　　机 工 官 网：www.cmpbook.com
　　　　　010-88379833　　机 工 官 博：weibo.com/cmp1952
　　　　　010-68326294　　金 书 网：www.golden-book.com
封底无防伪标均为盗版　　机工教育服务网：www.cmpedu.com

关于"十四五"职业教育
国家规划教材的出版说明

为贯彻落实《中共中央关于认真学习宣传贯彻党的二十大精神的决定》《习近平新时代中国特色社会主义思想进课程教材指南》《职业院校教材管理办法》等文件精神，机械工业出版社与教材编写团队一道，认真执行思政内容进教材、进课堂、进头脑要求，尊重教育规律，遵循学科特点，对教材内容进行了更新，着力落实以下要求：

1. 提升教材铸魂育人功能，培育、践行社会主义核心价值观，教育引导学生树立共产主义远大理想和中国特色社会主义共同理想，坚定"四个自信"，厚植爱国主义情怀，把爱国情、强国志、报国行自觉融入建设社会主义现代化强国、实现中华民族伟大复兴的奋斗之中。同时，弘扬中华优秀传统文化，深入开展宪法法治教育。

2. 注重科学思维方法训练和科学伦理教育，培养学生探索未知、追求真理、勇攀科学高峰的责任感和使命感；强化学生工程伦理教育，培养学生精益求精的大国工匠精神，激发学生科技报国的家国情怀和使命担当。加快构建中国特色哲学社会科学学科体系、学术体系、话语体系。帮助学生了解相关专业和行业领域的国家战略、法律法规和相关政策，引导学生深入社会实践、关注现实问题，培育学生经世济民、诚信服务、德法兼修的职业素养。

3. 教育引导学生深刻理解并自觉实践各行业的职业精神、职业规范，增强职业责任感，培养遵纪守法、爱岗敬业、无私奉献、诚实守信、公道办事、开拓创新的职业品格和行为习惯。

在此基础上，及时更新教材知识内容，体现产业发展的新技术、新工艺、新规范、新标准。加强教材数字化建设，丰富配套资源，形成可听、可视、可练、可互动的融媒体教材。

教材建设需要各方的共同努力，也欢迎相关教材使用院校的师生及时反馈意见和建议，我们将认真组织力量进行研究，在后续重印及再版时吸纳改进，不断推动高质量教材出版。

机械工业出版社

前　言

　　"电工电子技术基础"课程是高等职业院校非电类专业必修的一门重要的专业基础课程。该课程基础理论知识涉及较广，实践操作内容较多，通过本课程的学习，可以使学生打下良好的电工电子基础，同时培养学生科学思维能力、动手能力、分析问题和解决问题的能力。而当前有些教材存在教学内容较多、理论过深、计算繁琐、实用性不强、验证性实验过多等问题。随着高等职业教育教学改革的不断推进，这些教材已不适应需要，现急需编写简明易学、实用性强、具有新时代职教特色的电工电子教材。

　　本书在内容设计与编排上具有以下特色：

　　1. 凝结育人功能，做到穿"珠"成"链"。设置拓展阅读专栏，通过生活实例、分析型案例引导学生学会用科学辩证的思维看待问题。设置素质拓展专栏，通过科学家事迹、大国工匠和科技成就增强学生的敬业精神和民族自豪感。

　　2. 精选教学内容，坚持教学内容与人才培养需求相一致的原则。本着"讲透基本原理，打好电路基础，学会电路分析，服务实用技能"的原则，以基本概念、基本分析方法为主，舍去复杂的理论分析，辅之以适量的思考题和习题，内容层次清晰，循序渐进。重点介绍常用的电器设备、元器件及基本电路的分析及应用，每章均标明知识点，每节标明学习目标、知识内容等，章末附有习题，书末附有模拟测试题及参考答案、部分习题参考答案等。推荐学时为70学时。

　　3. 数字教材与纸质教材深度融合，打造融媒体教材矩阵。本书配有电子课件、模拟试题、习题集、课程标准、实际操作任务评价单及教学计划等拓展资源，并在超星学习通建有示范教学包，通过线上、线下资源整合，便于学生更好地掌握电工电子技术知识。此外，本书依托机械工业出版社数字教材平台，打造了数字教材，实现可听、可视、可练习、可互动、可数据分析等教学功能，实现教学过程全控制，提高了教学互动性，为教学方案改进提供了有力支撑。

　　4. 编写团队双师化、双元化。本书编写团队100%具备双师资格，教学实践经验丰富。编写过程中内蒙古电力（集团）有限责任公司内蒙古电力科学研究院分公司企业专家根据企业用人需要共同参与制定了本书结构框架和教学内容，在审阅过程中，也提出了具体意见，使教材呈现出专业知识与工程实践有机结合的特色。

　　本书由王慧丽、刘江担任主编，樊可钰、郭晓宇、张勇参与编写。刘江编写第1章和第4章，王慧丽编写第2章，郭晓宇编写第3章和第6章，张勇编写第5章和附录，樊可钰编写第7章和第8章。全书由王慧丽统稿。王莲花担任本书主审，对全书进行了认真、仔细的审阅，提出了许多具体、宝贵的意见，编者谨在此表示诚挚的感谢。本书在编写过程中还得到了机械工业出版社和包头职业技术学院的大力支持和帮助，在此一并表示衷心的感谢。本书在编写过程中，参考了许多文献资料，在此对有关资料的编著者深表谢意。

　　限于编者水平，书中难免存在不妥和错误之处，希望读者予以批评指正。

编　者

目　录

第二篇 电子技术基础

第一篇

电工技术基础

第1章 直流电路

【知识点】

本章主要介绍电路的基本概念、基本物理量和组成电路的基本元件、分析电路的基本定律及电路分析与计算的主要方法。

1.1 电路的基本概念

【学习目标】

1）了解电路的组成及作用。
2）理解电路模型的概念，学会画电路图。
3）熟悉电路的三种工作状态。

【知识内容】

1.1.1 电路的组成及作用

"电"在不同的环境表示不同的概念，有时指电流，有时指电压，也有时指电功率。电路则是指电流的流通路径，是由一些电气设备和元器件按一定方式连接而成的。复杂的电路呈网状，又称网络。

1. 电路的组成

电路主要由电源、负载和中间环节三部分组成，如图 1-1 所示。电源是给电路提供电能的设备，如发电机、电池等；负载是用电设备，在电路中吸收电能或输出信号，如电动机、各类家用电器（如灯泡）等；中间环节指电源与负载之间的部分，通常由起着引导和控制或测量作用的器件构成，如导线、开关、电压表、电流表等。对电源来讲，负载和中间环节称作外电路，电源内部的电路称作内电路。

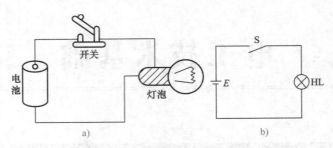

图 1-1　最简单的照明电路图

2. 电路的作用

按照电路中电流或者电压的种类不同，电路可分为直流电路和交流电路两种。在电气化、信息化的社会里，电气设备和电子产品的应用非常广泛，实际电路的种类繁多，但从作用来看，可以分为以下两大类：

一类是用于实现电能的传输、分配和转换。例如，电厂的发电机产生电能，通过变压器、输电线等送到用户，再通过负载转换成其他形式的能量，这就组成了一个复杂的供电系统（通常称为强电电路），如图 1-2 所示。

图 1-2　供电系统

另一类是用于信号的变换、传递和处理。例如，通信设备、遥控装置以及日常生活中的收音机和电视机等电子电路。通常这类电路中的电压较低、电流较小，称为信号电路（或称弱电电路），如图 1-3 所示。

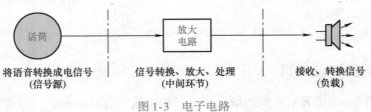

图 1-3　电子电路

1.1.2　理想电路元件及电路模型

1. 理想电路元件

组成电路的实际元件是多种多样的，其电磁性能的表现往往是相互交织在一起的。在研究时，为了便于分析，常常在一定条件下对实际电路元件加以理想化，只考虑某些起主要作用的电磁现象，而将次要现象忽略，或者将一些电磁现象分别表示。比如，在电流作用下，小灯泡不但发光、发热、消耗电能，还会在周围产生一定的磁场，由于磁场较弱，因此，可以只考虑其消耗电能的性能而忽略其磁场效应；电源在对外电路提供电能的同时，它本身内部也有一定电能损耗，可以将其提供电能的性能与内部电能损耗分别表示；对闭合的开关和导线则只考虑导电性能而忽略其本身的电能损耗。

理想电路元件就是在一定条件下，用来模拟实际电路元件主要电磁性能的理想化模型，简称为电路元件。例如，电阻元件是表示消耗电能的元件；电感元件是表示其周围空间存在着磁场且可以储存磁场能量的元件；电容元件是表示其周围空间存在着电场且可以储存电场能量的元件等。

2. 电路模型

由理想电路元件组成的电路称为电路模型。用规定的电气图形符号表示电路元件及其连接后画成的图称为电路原理图，简称为电路图。图 1-1b 是图 1-1a 的电路原理图。国家颁布了统一的图形符号来规范电路图。表 1-1 为电路图中常用的电气图形符号。

表 1-1　常用电气图形符号

图形符号	文字符号	名称	图形符号	文字符号	名称	图形符号	文字符号	名称
	S 或 SA	开关		R	电阻			接机壳
	E	电池		RP	电位器			接地
	G	发电机		C	电容			端子
	L	线圈		PA	电流表			连接导线
								不连接导线
	L	铁心线圈		PV	电压表		FU	熔断器
	L	抽头线圈		VD	二极管		HL	照明灯 指示灯

1.1.3　电路的工作状态

电路有通路、短路、断路三种状态。

1. 通路（负载工作状态）

通路是指电源与负载接通构成了闭合回路，称为有载状态。通路状态时，负载中有电流流过，即电流从电源出发，经过负载后再回到电源。此时，负载上有电压，会产生一定的功率，它处于工作状态，如图 1-4 所示。

各种用电设备都有限定的工作条件和能力，称为电气设备的额定值。对电阻性负载而言，有额定功率的限制。

根据通路状态负载实际值与额定值的大小关系，可分为以下三种情况：

1）轻载：负载实际值低于额定值的工作状态。

2）满载：负载工作在额定值的工作状态。

3）过载：负载实际值高于额定值的工作状态，又叫超载。

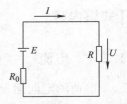

图 1-4　电路有载状态

显然，轻载没有充分利用负载设备，使设备不能正常发挥效能。过载会降低设备的使用寿命、老化绝缘、甚至会损坏用电设备及电源，这也是应尽量避免的，不允许的。电器设备的铭牌上或说明书中都标明了相关的额定值，购买使用时要注意。

2. 断路（开路）

断路又称开路，是指电源与负载没有接成通路，如电路中开关断开或电路出现故障断开等。此时电源不向负载供给功率，这种情况称为电源空载。如图 1-5 所示，电路中开关 S 打开时电路处于断路状态。

断路可分为控制性断路和故障性断路。控制性断路是人们根据需要利用开关将处于通路状态的电路断开；故障性断路是一种突发性、意想不到的断路状态，工程中应尽量避免。

3. 短路

短路是指电流从电源出发，没有经过负载而是直接回到电源，由导线接通构成闭合回路，这时电路的状态称为短路状态，如图 1-6 所示，图中实线箭头表示 A、B 间发生了短路。

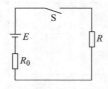
图 1-5　电路断路状态

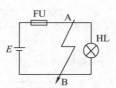
图 1-6　短路故障

短路是电路最严重、最危险的事故，是禁止的状态。短路时电流经短路线与电源构成回路，导线的电阻很小，近似为零，因此电路中的电流很大，这样大的短路电流通过电路将产生大量的热，不仅损坏导线、电源和其他电器设备，而且由于导线温度迅速升高，严重时还会引起火灾。所以，一般电路上都加短路保护装置，如图 1-6 中的熔断器 FU。

1.2　电路的基本物理量

【学习目标】

1）理解电路中电流、电压、电位、电功率的物理意义。
2）理解电流、电压参考方向的意义，掌握参考方向的应用。
3）熟练掌握电流、电压的测量方法，掌握直流电流、直流电压测量的注意事项。

【知识内容】

1.2.1　电流

电荷的定向运动形成电流。方向不随时间变化的电流称直流电流，简称直流（DC，Dirrect Current）；大小、方向都不变的电流称恒定电流，如不特别说明，本书所说的直流电流均指恒定电流，用字母"I"表示。方向随时间变化的电流称为交流电流，简称交流电（AC，Alternating Current），用字母"i"表示。其中周期性变化的称周期交流电流；我国发电厂发出的交流电都是随时间按正弦规律变化的正弦交流电。如不特别说明，本书所指的交流电均指正弦交流电。图1-7中画出了几种电流的曲线。

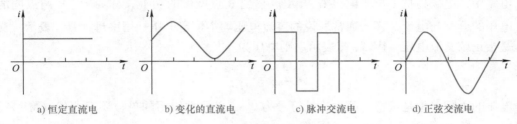

a) 恒定直流电　　　　b) 变化的直流电　　　　c) 脉冲交流电　　　　d) 正弦交流电

图 1-7　几种电流的曲线

电流大小也简称为电流，是指单位时间内通过导体横截面的电量。如果在 Δt 时间内，通过导体横截面的电量变化了 Δq，则在该段时间内电流大小的平均值为

$$I = \frac{\Delta q}{\Delta t} \tag{1-1}$$

当时间段 Δt 趋于零时，便是某一时刻电流的大小。

国际单位制（SI）中，电流的单位是安培，简称安，符号为"A"。通常使用的单位还有兆安（MA）、千安（kA）、毫安（mA）、微安（μA）等。

$$1A = 10^3 mA = 10^6 \mu A, \quad 1MA = 10^3 kA = 10^6 A$$

规定正电荷定向移动的方向为电流的实际方向。自由电子（带负电）移动的方向与电流方向相反。电路较复杂时，电流的实际方向很难判定出来，为此，在分析与计算电路时，常常可事先任意选定某一方向作为电流的参考方向，也称为正方向，用实线箭头表示，或用双下标表示，如 i_{ab} 表示 a 到 b 的电流，i_{ba} 表示 b 到 a 的电流，$i_{ab} = -i_{ba}$。电流的实际方向可用虚线箭头表示，如图1-8所示。

原则上可任意选定参考方向，但若已知实际方向，则参考方向应尽量与实际方向一致。当选择的参考方向与实际方向一致时，参考方向下的电流值为正数。同理，如果计算出的电流值为正数，则说明事先选定的参考方向和实际方向一致，如图1-8a所示；当参考方向与实际方向相反时，参考方向下计算出的电流值为负数，如图1-8b所示。

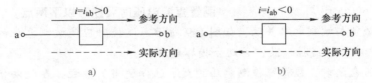

图 1-8　电流参考方向与实际方向的关系

电流的大小可以用电流表直接测量。**对直流电流测量时要注意以下几点：**

1）电流表必须与被测电路串联，如图1-9所示。连接时应使电流从表的"＋"接线柱流入，从"－"接线柱流出，否则会损坏电流表。

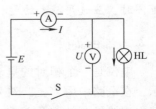

图 1-9　电流和电压的测量

2）使用电流表之前，应根据被测电流的大小选择适当的量程，在无法估计被测电流的范围时，应选用较大的量程开始测量。

1.2.2 电压

电路中，电场力把单位正电荷 Q 从 A 点移到 B 点所做的功 W_{AB} 称为 A、B 两点间的电压。电压的分类与电流一样，通常所说的直流电压均指恒定电压，用字母"U"表示；交流电压是指正弦交流电压，用"u"表示。则电压为

$$u_{AB} = \frac{W_{AB}}{Q} \tag{1-2}$$

电压的国际单位是伏特，简称伏，符号为"V"。通常使用的单位还有兆伏（MV）、千伏（kV）、毫伏（mV）、微伏（μV）等。

$$1V = 10^3 mV = 10^6 \mu V \qquad 1MV = 10^3 kV = 10^6 V$$

正电荷在电场中的受力方向为电压的实际方向，可用虚线箭头表示。与电流相同，电压也需要设定其参考方向。电压的参考方向可任意选，但若已知实际电压方向，则参考方向应尽量与实际方向一致；若已知电流参考方向，则电压参考方向的选择最好与电流参考方向一致，称为关联参考方向；电压、电流参考方向不一致时称为非关联参考方向。

在电路分析中，所标的电压方向均为参考方向，表示方法有三种：实线箭头表示；双下标"u_{ab}"表示（如指 a 点到 b 点的电压）；"+"、"−"极性表示，电压从正极性端到负极性端，如图 1-10 所示。

电压的参考方向与实际方向一致时，电压值为正，相反为负。同理，若电压计算值为正，则表示电压参考方向与实际方向一致；若计算值为负，表示电压的实际方向与参考方向相反，如图 1-11 所示。

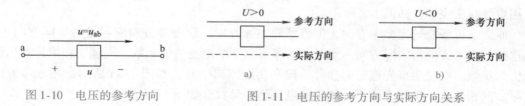

图 1-10 电压的参考方向   图 1-11 电压的参考方向与实际方向关系

电压的大小可以用电压表直接测量。**测量直流电压时要注意以下两点：**

1）电压表必须与被测电路并联，如图 1-9 所示。连接时应使被测电压的实际方向与电压表的"+"、"−"接线柱一致，否则会损坏电压表。

2）使用电压表之前，应根据被测电压的大小选择适当的量程，在无法估计被测电压的范围时，应选用较大的量程开始测量。

1.2.3 电位

电位是一个相对的概念，分析电位时必须先选定一个参考点。参考点用字母"o"表示，在电路中用"⊥"符号表示，原则上可任意选取，但习惯上选接地点、接机壳点或电路中连线最多的点作为参考点。电路中某一点的电位就是该点到参考点的电压，用字母

"V"或"v"表示。电位的单位也是伏特（V）。如图 1-12 所示，则 a 点的电位为

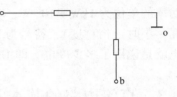

$$V_a = U_{ao}\ 或\ v_a = u_{ao} \qquad (1-3)$$

参考点本身的电位显然为零，所以参考点也叫零电位点。如果已知 a、b 两点的电位分别为 V_a、V_b，则 a、b 两点间的电压为

图 1-12　电位与电压的关系

$$U_{ab} = U_{ao} + U_{ob} = U_{ao} - U_{bo} \qquad (1-4)$$

即：两点间的电压等于这两点的电位差，所以电压又叫电位差。

电位具有相对性，即电路中某点的电位随参考点位置的改变而改变；而电位差（也就是电压）具有绝对性，即电路中任意两点之间的电位差值与电路中参考点的位置无关。

由式(1-4) 可知，$U_{ab} = -U_{ba}$。如果 $U_{ab} > 0$，则 $V_a > V_b$，说明 a 点电位高于 b 点电位；反之，当 $U_{ab} < 0$ 时，则 $V_a < V_b$，说明 a 点电位低于 b 点电位。

1.2.4　电功率

电功率是电路分析中常用的一个物理量。电路传输或转换电能的速率叫作电功率，简称为功率（Power），用"P"或"p"表示。习惯上，把发出或吸收电能说成发出或吸收功率。

分析电路的功率时，当电路的电流、电压选择关联参考方向时，用公式

$$P = UI\ 或\ p = ui \qquad (1-5)$$

来计算。当电路的电流、电压选择非关联参考方向时，用公式

$$P = -UI\ 或\ p = -ui \qquad (1-6)$$

来计算。对于计算结果，当 $P > 0$（或 $p > 0$）时，该电路吸收（消耗）功率，是负载；当 $P < 0$（或 $p < 0$）时，该电路发出（产生）功率，是电源。

功率的国际单位为瓦特，简称瓦，符号为"W"，$1W = 1V \cdot A$。

一个电路中，每一瞬间，吸收电能的各元件功率的总和等于发出电能的各元件功率的总和；或者说，所有元件吸收的功率总和为零，符合能量守恒定律，称"电路的功率平衡"。

例 1-1　（1）在图 1-16a 中，若 $I_{ab} = 1A$，求该元件的功率；（2）在图 1-16b 中，若 $I_{ab} = 1A$，求该元件的功率；（3）在图 1-16c 中，若元件发出功率 6W，求电流。

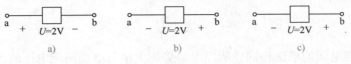

图 1-13　例 1-1 图

解：（1）电压、电流为关联参考方向，$P = UI_{ab} = 2 \times 1W = 2W > 0$，元件吸收功率 2W。

（2）电压、电流为非关联参考方向，$P = -UI_{ab} = -(+2) \times 1W = -2W < 0$，元件吸收功率 2W。

（3）选择电流方向为 I_{ab}，则与电压为非关联参考方向，所以 $P = -UI_{ab}$，因元件发出功率 6W，所以 $P = -6W$，求得 $I_{ab} = 3A$，因此元件电流方向为从 a 到 b，大小为 3A。

功率与时间的乘积为该段时间内电路转换的能量。能量的国际单位为焦耳（J）。如果

功率的单位为 $1kW = 10^3$ W，时间的单位为小时（$1h = 3600s$），则电路转换电能的单位为千瓦·小时（俗称度），符号为 $kW \cdot h$。在工厂或家庭用电计算时，通常说电表走了多少字，也就是说用了多少度电，即 1 度电 $= 1kW \times 1h$。

1.3　直流电路的基本元件

【学习目标】

1）理解电源、电阻的概念及特性。
2）掌握电源的两种模型。
3）掌握电阻的欧姆定律。

【知识内容】

电路是由电路元器件连接组成的。具有两个引出端的元器件称为二端元器件，如电阻、二极管等；具有两个以上引出端的元器件称为多端元器件，如晶体管、晶闸管等。

电路中常用的元器件有电源、电阻、电感、电容、二极管、晶体管、晶闸管等，本节学习直流电路中常见的电源和电阻，其他元器件在后面的内容中将相继学习。

1.3.1　电源

1. 电源电动势

电源给外电路供电的原因是其内部能够产生电动势，电动势是电源的专用名词之一。

电流通路中，电场力总是使正电荷从高电位处经外电路移向低电位处，而在电源内部有一种电源力，正电荷在它的作用下，从低电位处（电源的负极）经电源内部移向高电位处（电源正极），从而保持电荷运动的连续性。实际应用的发电机中的电源力是由电磁作用产生的，蓄电池中的电源力是由化学能提供的。

电动势是指电源力将单位正电荷从电源负极经电源内部移到电源正极所做的功，用字母"E"或"e"表示，方向规定为从电源负极到正极。若将正电荷 Q 从电源负极移至电源正极所做的功为 W，则

$$E = \frac{W}{Q} \tag{1-7}$$

可见电动势与电压的求法相同，所以电动势的大小与电源两端电压的大小相等，单位一样，也是伏特（V）。电源电压方向是从正极到负极，电动势的方向是从负极到正极，所以当电源断路时电源的电动势与电压大小相等，方向相反。采用参考方向时，有图 1-14 所示的关系。

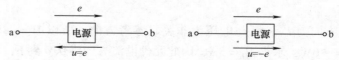

图 1-14　电源电动势与电压的关系

2. 电源模型

分析电路时，在只考虑电源的主要特性时，可以将电源用理想电路元件来描述，构成电源的电路模型，常用的有电压源模型和电流源模型两种。

（1）电压源模型

具有较低内阻的电源可视为电压源，分为直流电压源与交流电压源，大多数实际电源均可视为电压源。若电源的内阻 $R_i \approx 0$，可忽略不计，即认为电源供给的电压总是等于它的电动势。我们把内阻为零的电压源称为理想电压源，用 U_S 或 u_S 表示。理想的直流电压源也简称为恒压源，其符号如图 1-15a 所示，恒压源也可表示成图 1-15b 所示的符号。

恒压源只是一种理想的情况，实际电源不可能如此。电动势为 E、内阻为 R_i 的实际电压源可以等效为恒压源 $U_S = E$ 和电阻 R_i 串联，称为电压源模型，如图 1-16 所示。

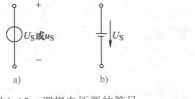

图 1-15　理想电压源的符号　　　　　图 1-16　电压源模型

（2）电流源模型

某些特殊场合，要求电源具有很大的内阻，这是因为高内阻的电源能够输出一个较稳定的电流。例如，将 60V 蓄电池串联一个 60kΩ 的高内阻，如图 1-17a 的点画线框中所示，即构成一个最简单的高内阻电源。它对于低阻负载，基本上具有稳定的电流输出。当负载电阻 R 在零至几十欧姆的范围内变化时，电源输出的电流为

$$I = \frac{60\text{V}}{60\text{k}\Omega + R} \approx 0.001\text{A} = 1\text{mA}$$

我们把内阻无限大的电源称为理想电流源，用 I_S 或 i_S 表示，符号如图 1-17b 所示。能输出恒定电流的电流源又叫作恒流源。

恒流源与恒压源都属于理想元件，其输出的电流或电压是不随外部电路变化的，又叫作独立源，实际上是不存在的。把电流为 I_S 或 i_S 的理想电流源与电阻 R_i 并联的电路称为实际电源的电流源模型，如图 1-18 所示。

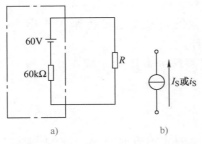

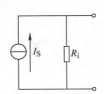

图 1-17　理想电流源　　　　　图 1-18　电流源模型

1.3.2　电阻元件

电阻是电路中广泛使用的一种基本元件，主要用于控制、调节电流和电压，起分压、限流或放热的作用，是一种耗能元件。

电阻的读数

1. 电阻的概念

物体对电流的阻碍作用叫作电阻作用。电阻作用使得电流流过物体时把电能转换成其他形式的能量。电阻值简称为电阻，是表示物体电阻作用大小的一个物理量，用字母"R"或"r"表示。电阻的单位是欧姆，简称欧，符号为"Ω"。常用的电阻单位还有千欧（$k\Omega$）、兆欧（$M\Omega$）等。

电阻的倒数叫电导，用字母"G"表示，即 $G = \dfrac{1}{R}$。电导的单位为西门子（S）。

电阻反映了导体的导电能力，是导体的客观属性，它的大小与导体的材料、长度以及导体横截面积有关，还与导体所处的环境温度有关。

2. 电阻的分类

电阻按照结构形式不同可分为固定电阻器和可变电阻器两种。固定电阻器的电阻值是恒定的，其中最常用的有碳膜电阻器、金属膜电阻器、金属氧化膜电阻器、合成碳膜电阻器和贴片电阻器等；可变电阻器（半导体电阻器）具有受条件影响而改变阻值的特性，常用的有热敏电阻、压敏电阻、光敏电阻和气敏电阻。

电阻按照引出线的不同可分为轴向引线电阻和无引线电阻两种。

电阻按照用途不同可分为精密电阻、高频电阻、大功率电阻、熔断电阻等。

拓展阅读：酒精浓度测试仪

3. 电阻的符号

常见的电阻图形符号如图 1-19 所示。

a) 电阻的一般符号　　b) 可调电阻　　c) 热敏电阻　　d) 光敏电阻

图 1-19　常见的电阻图形符号

4. 欧姆定律

德国物理学家欧姆于 1827 年在大量实验的基础上总结出来关于电压、电流和电阻三者关系的定律，称欧姆定律。

拓展阅读：乔治·西蒙·欧姆小故事

实验证明：通过电阻的电流大小与电阻两端的电压大小成正比，与电阻的电阻值 R 成反比。以直流量为例，可以表示为

$$|I| = \frac{|U|}{R} \qquad (1\text{-}8)$$

电阻是一个耗能元件，所以其电压与电流的实际方向总是一致的。所以，当电路电压、电流选择关联参考方向时，欧姆定律表达式为

$$I = \frac{U}{R} \quad 或 \quad U = IR \tag{1-9}$$

当电路电压、电流选择非关联参考方向时，欧姆定律表达式为

$$I = -\frac{U}{R} \quad 或 \quad U = -IR \tag{1-10}$$

当电路的电流、电压是交流值时，式（1-9）、式（1-10）中的字母 U、I 应为小写字母。根据欧姆定律可以推导出电阻的功率为

$$P = UI = I^2 R = \frac{U^2}{R} \quad 或 \quad p = ui = i^2 R = \frac{u^2}{R} \tag{1-11}$$

1.4 直流电路的分析方法

【学习目标】

1）理解电路等效变换的概念。
2）掌握电阻等效电路的化简和等效电阻的计算方法。
3）掌握支路电流法、叠加定理等电路分析方法。
4）理解戴维南定理及其应用。

【知识内容】

本节介绍的方法不但适用于直流线性电阻电路，而且可以推广到交流线性电路的分析中。

1.4.1 电阻的连接

电阻在使用时可以根据需要将它们连接成具有两个或者三个端子的组合电路，这个组合电路可用一个等效的电阻来代替，其阻值叫作组合电路的等效电阻（或总电阻）。常见的电阻连接方式有串联、并联、混联、星形联结和三角形联结等形式，本书只讲授电阻的串联、并联和混联。

1. 电阻的串联电路

几个电阻首尾顺序相连，引出两端子，中间无分支，称这几个电阻串联。常用符号"＋"表示电阻的串联。图 1-20 所示为三个电阻串联的电路，可表示为"$R_1 + R_2 + R_3$"。

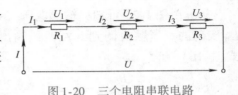

图 1-20 三个电阻串联电路

电阻串联电路有以下特点：

1）流过每个电阻的电流相等，并等于总电流，即

$$I = I_1 = I_2 = \cdots = I_n \tag{1-12}$$

2）电路两端的总电压等于各电阻两端的分电压之和，即

$$U = U_1 + U_2 + \cdots + U_n \tag{1-13}$$

3）电路的总电阻（等效电阻）等于各电阻之和，即

$$R = R_1 + R_2 + \cdots + R_n \tag{1-14}$$

4）每个电阻上分配到的电压与电阻成正比，即

$$\frac{U_1}{R_1} = \frac{U_2}{R_2} = \cdots = \frac{U_n}{R_n} = \frac{U}{R} = I \tag{1-15}$$

由上式可得到电阻串联的分压公式，即

$$U_i = \frac{R_i}{R}U = \frac{R_i}{R_1 + R_2 + \cdots + R_n}U \tag{1-16}$$

式中，$\dfrac{R_i}{R_1 + R_2 + \cdots + R_n}$ 称为分压系数，$i = 1,2,3\cdots n$。

电阻串联电路的这些特点，在实际中有很多应用，如电压表利用串联不同的电阻来扩大其量程、电源利用电阻串联构成的分压器来获得几种不同的电压输出等。

例 1-2　有一表头，满刻度电流 $I_\alpha = 50\mu A$（即允许通过的最大电流），内阻 $R_\alpha = 3k\Omega$。现需扩展其量程，如图 1-21 所示。当转换开关 SA 置于 a 点时，其量程扩展为 10V，当转换开关 SA 置于 b 点时，其量程扩展为 50V，问扩展量程所串的电阻 R_a、R_b 分别为多少？

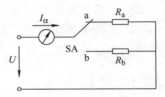

图 1-21　扩大电流表量程

解：先求表头满刻度时其两端电压 U_α：$U_\alpha = I_\alpha R_a = 50 \times 10^{-6} \times 3 \times 10^3 V = 0.15V$

即用表头直接测量电路时，只能测量小于 0.15V 的电压，当外测电压为 10V、50V 时，通过串联电阻 R_a、R_b 扩展。

当扩展为 10V 时，$R_a = \dfrac{U - U_\alpha}{I_\alpha} = \dfrac{10 - 0.15}{50 \times 10^{-6}}\Omega = 197k\Omega$

当扩展为 50V 时，$R_b = \dfrac{U - U_\alpha}{I_\alpha} = \dfrac{50 - 0.15}{50 \times 10^{-6}}\Omega = 997k\Omega$

例 1-3　在图 1-22 所示的分压器中输入电压 $U_i = 12V$，$R_1 = 350\Omega$，$R_2 = 550\Omega$，$R_W = 270\Omega$，试求输出电压 U_o 的变化范围。

解：由图 1-22 可知，输出电压 U_o 的变化是通过调节电位器 R_W 实现的。当触头调到 b 端时，输出电压最小，为 U_{omin}，由式 (1-16) 有

$$U_{omin} = \frac{R_2}{R_1 + R_2 + R_W}U_i = \frac{550}{350 + 550 + 270} \times 12V = 5.6V$$

当触头调到 a 端时，输出电压最大，为 U_{omax}，有

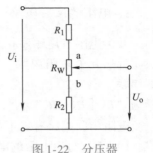

图 1-22　分压器

$$U_{omax} = \frac{R_W + R_2}{R_1 + R_2 + R_W}U_i = \frac{270 + 550}{350 + 550 + 270} \times 12V = 8.4V$$

即分压器的输出电压 U_o 的变化范围是 5.6 ~ 8.4V。

2. 电阻的并联电路

几个电阻的首尾接在相同两点之间，称这几个电阻并联。常用符号"//"表示电阻的并联。图1-23所示为三个电阻并联的电路，可表示为"$R_1 // R_2 // R_3$"。

电阻并联电路有以下特点：

1）并联电阻两端的电压相等，并等于总电压，即

$$U = U_1 = U_2 = \cdots = U_n \qquad (1\text{-}17)$$

2）总电流等于各电阻分电流之和，即

$$I = I_1 + I_2 + \cdots + I_n \qquad (1\text{-}18)$$

3）电路的总电阻（等效电阻）的倒数等于各分电阻倒数之和，即

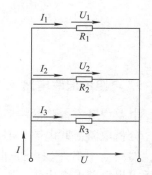

图1-23 三个电阻并联电路

$$\frac{1}{R} = \frac{1}{R_1} + \frac{1}{R_2} + \cdots + \frac{1}{R_n} \qquad (1\text{-}19)$$

如果只有两个电阻并联，由式(1-19)可得

$$R = \frac{R_1 R_2}{R_1 + R_2} \qquad (1\text{-}20)$$

有 n 个阻值相等的电阻并联时，其并联电阻由式(1-19)可得

$$R = \frac{R_0}{n} \qquad (1\text{-}21)$$

式中，R_0 为单个电阻的阻值。

4）每个电阻分配到的电流与电阻成反比，即

$$I_1 R_2 = I_2 R_2 = \cdots = I_n R_n = IR = U \qquad (1\text{-}22)$$

对两个电阻并联的电路，由式(1-22)可得分流公式，即

$$\begin{cases} I_1 = \dfrac{R_2}{R_1 + R_2} I \\[3mm] I_2 = \dfrac{R_1}{R_1 + R_2} I \end{cases} \qquad (1\text{-}23)$$

电阻并联电路的这些特点，在实际中也获得了广泛的应用，如电流表利用不同的电阻扩大量程、工作电压相同的设备并联使用可使电器设备的工作互不影响等。

例1-4 有一表头，满刻度电流 $I_\alpha = 100\ \mu A$（即允许通过的最大电流），内阻 $R_\alpha = 1k\Omega$。现需扩展其量程，如图1-24所示。若要改变成量程（即测量范围）为 10mA、50mA 的电流表，应并联多大的电阻 R_a、R_b？

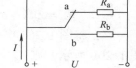

图1-24 扩大电流表量程

解： 先求表头承受的电压 U_α：

$$U_\alpha = I_\alpha R_\alpha = 100 \times 10^{-6} \times 1 \times 10^3\,V = 0.1\,V$$

再求分流电阻分流的数值：

量程为 10mA 时　　$I_a = I - I_\alpha = (10 - 100 \times 10^{-3})mA = 9.9mA$

量程为 50mA 时　　$I_b = I - I_\alpha = (50 - 100 \times 10^{-3})mA = 49.9mA$

再求分流电阻的阻值：

$$R_a = \frac{U}{I_a} = \frac{U_\alpha}{I_a} = \frac{0.1}{9.9 \times 10^{-3}}\Omega = 10.1\Omega$$

$$R_b = \frac{U}{I_b} = \frac{U_\alpha}{I_b} = \frac{0.1}{49.9 \times 10^{-3}}\Omega = 2.0\Omega$$

3. 电阻的混联电路

电路中既有电阻的串联又有电阻的并联，称为电阻混联。

分析电阻混联电路，必须先搞清楚电阻混联电路中各电阻之间的连接关系，然后应用串并联电路的特点，求出各串联部分和并联部分的等效电阻，最后求出电路的总电阻。

素质拓展：生活中的小彩灯

如果电阻混联电路比较复杂，各电阻之间的串、并联关系一时看不清，可先用画等效电路图的方法找出各电阻之间的串并联关系，然后再分析计算。

画等效电路图的方法是：

1）用字母将各电阻连接点标出，相同的点用同一字母。

2）将各字母依次排开，端点字母在两端。

3）将各字母间的电阻画上，得到等效电路图。

例1-5　在图1-25中，已知 $R_1 = 2\Omega$，$R_2 = R_3 = R_4 = R_5 = 4\Omega$，$U_{AB} = 6V$，求通过 R_4 的电流 I_4。

解：先求各部分的分电阻 R_{CD}、R' 和电路的总电阻 R_{AB}。

$$R_{CD} = R_3 /\!/ R_4 = (4/\!/4)\Omega = 2\Omega$$

$$R' = R_1 + R_{CD} = (2+2)\Omega = 4\Omega$$

$$R_{AB} = R' /\!/ R_2 + R_5 = (4/\!/4 + 4)\Omega = 6\Omega$$

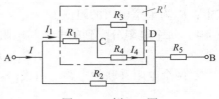

图1-25　例1-5图

再求电路的总电流 I：

$$I = \frac{U_{AB}}{R_{AB}} = \frac{6}{6}A = 1A$$

根据分流公式求 R_1 的电流 I_1：$I_1 = \frac{R_2}{R' + R_2}I = \frac{4}{4+4} \times 1A = 0.5A$

再根据分流公式求 I_4：$I_4 = \frac{R_3}{R_3 + R_4}I_1 = \frac{4}{4+4} \times 0.5A = 0.25A$

例1-6　求图1-26a所示混联电路的等效电阻。已知 $R_1 = R_8 = 5\Omega$，$R_2 = 2\Omega$，$R_3 = 16\Omega$，$R_4 = 40\Omega$，$R_6 = 60\Omega$，$R_5 = R_7 = R_9 = 10\Omega$。

解：将图1-26a中各点用字母标出。按求等效电阻的方法画出等效电路图，整理后如图1-26b所示。则

$$R_{ab} = [(R_4 /\!/ R_6 + R_3) /\!/ R_5 + R_2] /\!/ (R_8 + R_7 /\!/ R_9) + R_1$$

$$= [(40/\!/60 + 16)/\!/10 + 2]\Omega /\!/ (5 + 10/\!/10)\Omega + 5\Omega$$

$$= 10\Omega$$

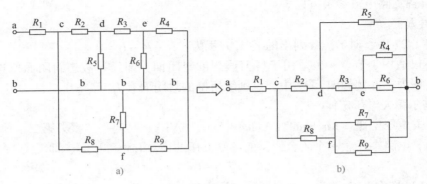

图 1-26　例 1-6 图

1. 4. 2　基尔霍夫定律与支路电流法

凡运用欧姆定律和电阻串并联能求解的电路称为简单电路，否则就是复杂电路。求解复杂电路时，要用到两条基尔霍夫定律。

1. 基尔霍夫定律

（1）电路的有关术语

在引入基尔霍夫定律之前，先介绍几个常用的电路术语。

1）支路：电路中每一段不分支的电路称为一条支路。图 1-27 所示电路中有三条支路：acb、adb、ab。

2）节点：三条或三条以上支路的连接点称为节点。图 1-27 所示电路中有两个节点：a 与 b。

3）回路：电路中由支路组成的闭合路径称为回路。图 1-27 所示电路中有三个回路：adba、abca、adbca。

4）网孔：回路内部不含支路的回路称为网孔。即一个"窟窿"为一个网孔。图 1-27 所示电路中有两个网孔：abca、adba。

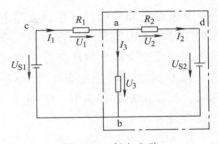

图 1-27　复杂电路

（2）基尔霍夫电流定律

基尔霍夫电流定律（Kirchhoff's Current Law，KCL）又叫基尔霍夫第一定律。陈述为：对于电路的任一节点，在任一时刻，流入该节点全部电流的总和等于流出该节点全部电流的总和。表达式为

$$\sum I_i = \sum I_o$$

又可写成

$$\sum I = 0 \tag{1-24}$$

式（1-24）也可描述为：电路任一时刻，任一节点所连各支路的电流代数和为零。在这里需要注意的是，若取流入节点的电流为正，则流出节点的电流为负。式（1-24）称为 KCL 方程，又叫节点电流方程。

列 KCL 方程的步骤为：

① 找出节点所连支路。

② 标出各支路电流参考方向。

③ 列出方程。

例如图 1-27 中，对节点 a 列出的 KCL 方程为：$I_1 - I_2 - I_3 = 0$。

KCL 不仅适用于节点，也适用于任何假想的封闭面，即任一假想封闭面所连的全部支路电流代数和为零。例如图 1-27 中，点画线所围的封闭面有 $I_1 - I_1 = 0$。

（3）基尔霍夫电压定律

基尔霍夫电压定律（Kirchhoff's Voltage Law，KVL），又叫基尔霍夫第二定律。陈述为：在任一时刻，电路中任意一个闭合回路的各端电压的代数和恒等于零，即

$$\sum U = 0 \tag{1-25}$$

式（1-25）称为 KVL 方程，又叫回路电压方程。

列 KVL 方程的步骤为：

① 找出组成回路的各支路及支路上的元件。

② 标出各元件电压参考方向。

③ 从回路上任一点出发，沿回路"走"回到这一点（又称绕行），对所经元件的电压求代数和：电压标向与绕行方向一致时，该电压为正，否则为负。

④ 列出方程，令③中的代数和等于零。

例如图 1-27 中，回路 abca 的 KVL 方程为：$U_3 - U_{S1} + U_1 = 0$。

2. 支路电流法

在复杂电路分析计算中，支路电流法是最基本的方法。它以支路电流为未知量，直接应用两条基尔霍夫定律列出方程组求解，然后再求其他未知量。下面以图 1-28 所示电路为例说明如何建立支路电流法方程。

图 1-28 所示电路中有 4 个节点，6 条支路，7 个回路，3 个网孔，要求的未知数是支路电流，所以未知数有 6 个：$I_1 \sim I_6$，如图 1-28 所示，因此需要列 6 个方程组成方程组，联立才能求得。

列 KCL 方程：

$$\begin{cases} \text{节点 a：} I_1 + I_2 - I_4 = 0 \\ \text{节点 b：} I_3 + I_4 - I_5 = 0 \\ \text{节点 c：} I_5 - I_1 - I_6 = 0 \\ \text{节点 d：} I_6 - I_2 - I_3 = 0 \end{cases}$$

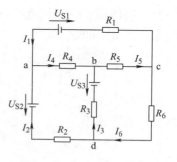

图 1-28　支路电流法举例

如把上列 4 个方程相加，可得到 0 = 0 的关系，可见这 4 个方程中任一个方程都可由其他三个推出。我们把可由其他方程推出来的方程称为非独立方程，所以以上 4 个方程中，任意去掉一个，其他三个便都是独立方程了。这一结果可推广到各种电路：节点数为 n 的电路中，可列出（$n-1$）个独立的 KCL 方程。组成的方程组称为独立方程组。由数学知识可知，只有独立的方程组才可解出未知数，所以上列 4 个方程，可采用 3 个方程，那么要求出 $I_1 \sim I_6$，还需要列 3 个方程。列 7 个回路的 KVL 方程，因未知数是支路电流，所以用支路电流表示电阻电压。

$$\begin{cases} \text{abca:} & I_4R_4 + I_5R_5 + I_1R_1 - U_{S1} = 0 \\ \text{adba:} & U_{S2} - I_2R_2 + I_3R_3 - U_{S3} - I_4R_4 = 0 \\ \text{bdcb:} & U_{S3} - I_3R_3 - I_6R_6 - I_5R_5 = 0 \\ \text{abdca:} & I_4R_4 + U_{S3} - I_3R_3 - I_6R_6 + I_1R_1 - U_{S1} = 0 \\ \text{adbca:} & U_{S2} - I_2R_2 + I_3R_3 - U_{S3} + I_5R_5 + I_1R_1 - U_{S1} = 0 \\ \text{adcba:} & U_{S2} - I_2R_2 - I_6R_6 - I_5R_5 - I_4R_4 = 0 \\ \text{adca:} & U_{S2} - I_2R_2 - I_6R_6 + I_1R_1 - U_{S1} = 0 \end{cases}$$

以上 7 个方程中也有非独立方程，只需从中选取 3 个独立方程即可。本书直接给出以下结论：平面电路中，网孔数 = 支路数 − （节点数 − 1），而网孔的 KVL 方程一定独立。所以只需列网孔的 KVL 方程即可。

这样，由 3 个独立的 KCL 方程和 3 个网孔的独立 KVL 方程联立组成方程组，解方程组便可将未知数 $I_1 \sim I_6$ 求解出来。

综上所述，支路电流法分析计算电路的一般步骤如下：

1）找出电路图中的节点（n 个）、支路（b 条）、网孔（m 个）。

2）在电路图中标出各支路的电流（b 个）。

3）列出 $(n-1)$ 个独立 KCL 方程。

4）用支路电流表示电阻电压，列出 m 个网孔的独立 KVL 方程。

5）联立求解 $(n-1) + m = b$ 个方程组成的方程组，求出各支路电流。

例 1-7 图 1-29 中，已知 $U_{S1} = 5\text{V}$，$r_1 = 1\Omega$，$U_{S2} = 9\text{V}$，$r_2 = 6\Omega$，$R_2 = 2\Omega$，$R_1 = 3\Omega$，求各支路电流。

解：选择各支路电流 I_1、I_2、I_3 参考方向如图 1-29 所示。该电路有 2 个节点，可列一个独立 KCL 方程，即

$$I_1 + I_2 - I_3 = 0 \tag{1}$$

列两个网孔的 KVL 方程，即

$$I_1(r_1 + R_1) - U_{S1} - I_2 r_2 + U_{S2} = 0 \tag{2}$$

$$I_3R_2 - U_{S2} + I_2r_2 = 0 \tag{3}$$

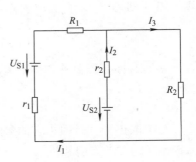

图 1-29 例 1-7 图

联立以上方程（1）、（2）、（3）组成方程组，代入数据，求解 I_1、I_2、I_3。有

$$\begin{cases} I_1 + I_2 - I_3 = 0 \\ 4I_1 - 6I_2 + 4 = 0 \\ 2I_3 + 6I_2 - 9 = 0 \end{cases}$$

解方程组得：$I_1 = 0.5\text{A}$，$I_2 = 1\text{A}$，$I_3 = 1.5\text{A}$。

1.4.3 叠加定理

叠加定理是线性电路的一个基本定理，表述如下：在线性电路中，当有两个或两个以上的独立电源作用时，则任意支路的电流或电压，都可以认为是电路中各个电源单独作用而其他电源不作用时，该支路中产生的各电流分量或电压分量的代数和。以求图 1-30a 所示电路中支路电流 I 为例说明叠加定理在线性电路中的体现。

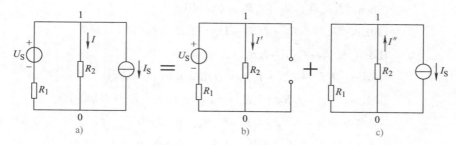

图 1-30 叠加定理举例

图 1-30a 是一个含有两个独立电源的线性电路，根据前面的分析方法，列写电路的 KCL 方程和 KVL 方程，整理可得这个电路两个节点间的电压为

$$U_{10} = \frac{R_2}{R_1 + R_2}U_S - \frac{R_1 R_2}{R_1 + R_2}I_S$$

R_2 支路电流为

$$I = \frac{U_{10}}{R_2} = \frac{U_S}{R_1 + R_2} - \frac{R_1}{R_1 + R_2}I_S$$

图 1-30b 是电压源 U_S 单独作用下的情况。此情况下电流源的作用为零，零电流源相当于无限大电阻（即开路）。在 U_S 单独作用下，可得 R_2 支路电流为

$$I' = \frac{U_S}{R_1 + R_2}$$

图 1-30c 是电流源 I_S 单独作用下的情况。此情况下电压源的作用为零，零电压源相当于零电阻（即短路）。在 I_S 单独作用下，可得 R_2 支路电流为

$$I'' = \frac{R_1}{R_1 + R_2}I_S$$

求所有独立源单独作用下 R_2 支路电流的代数和，得

$$I' - I'' = \frac{U_S}{R_1 + R_2} - \frac{R_1}{R_1 + R_2}I_S = I$$

对 I' 取正号，是因为它的参考方向与 I 的参考方向一致；对 I'' 取负号，是因为它的参考方向与 I 的参考方向相反。

使用叠加定理时，应注意以下几点：

1）只能用来计算线性电路的电流和电压，对非线性电路，叠加定理不适用。

2）叠加时要注意电流和电压的参考方向，求其代数和。

3）化为几个独立电源单独作用的电路来进行计算时，所谓电压源不作用，就是用短路代替该电压源处；电流源不作用，就是用开路代替该电流源处。

4）不能用叠加定理直接来计算功率。

例 1-8 图 1-31 所示电路中，已知 $U_{S1} = 10V$，$U_{S2} = 6V$，$R_1 = 1\Omega$，$R_2 = 3\Omega$，$R_3 = 6\Omega$。试运用叠加定理求支路电流 I_3。

解：（1）当电压源 U_{S1} 单独作用时，电压源 U_{S2} 短路，如图 1-31b 所示，利用分流公式，可得支路电流 I_3' 为

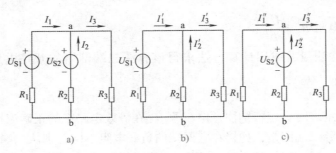

图 1-31 例 1-8 图

$$I_3' = \frac{U_{S1}}{R_1 + \dfrac{R_2 R_3}{R_2 + R_3}} \times \frac{R_2}{R_2 + R_3} = \frac{10}{1 + \dfrac{3 \times 6}{3 + 6}} \times \frac{3}{3 + 6} A = 1.1A$$

（2）当电压源 U_{S2} 单独作用时，电压源 U_{S1} 短路，如图 1-31c 所示，利用分流公式，可得支路电流 I_3'' 为

$$I_3'' = \frac{U_{S2}}{R_2 + \dfrac{R_1 R_3}{R_1 + R_3}} \times \frac{R_1}{R_1 + R_3} = \frac{6}{3 + \dfrac{1 \times 6}{6 + 1}} \times \frac{1}{1 + 6} A = 0.2A$$

（3）两个独立电压源共同作用时，支路电流 I_3 为

$$I = I' + I'' = (1.1 + 0.2)A = 1.3A$$

1.4.4 戴维南定理

在工程实践中，通常并不需要把所有支路的电流都计算出来，而只是对某一支路进行分析和计算。为了避免求解较多未知数的方程组，提出了"等效电源"的设想。

任何一个线性有源二端网络，对外电路来说，都可以用一个电压源和电阻串联组合的电路模型来等效。该电压源的电压 U_S 等于有源二端网络的开路电压 U_{OC}，该电阻等于有源二端网络变成无源二端网络后端口的等效电阻 R_i（也称内电阻、输入电阻），这就是戴维南定理。该电路模型称为戴维南等效电路。戴维南定理是阐明线性有源二端网络外部性能的一个重要定理。

"等效电源"与"有源二端网络"等效，是指代替之后，负载两端的电压及通过负载的电流都不会变化。

运用戴维南定理，计算等效电源电压 U_S 及内电阻 R_i 的方法如下：

1）计算 U_S。将待研究的支路移开，求所剩下的有源二端网络的开路电压 U_{OC}。应注意所选 U_{OC} 的参考方向及所求值的正负号，以便确定等效电压源 U_S 的正负端。

2）计算 R_i。将有源二端网络中的所有电源作用视为零，称为"除源"（电压源短接，电流源断开），形成无源二端网络，计算由端口处看入的等效电阻。

等效电阻的计算方法有以下三种：

1）将网络内所有电源"除源"，用电阻串、并联等相关知识将电路加以化简，计算端口的等效电阻，即为 R_i。

2）将网络内所有电源"除源"，在端口 a、b 处施加一外电压 U，计算或测量输入端口

的电流 I，则等效电阻 $R_i = \dfrac{U}{I}$。

3）用实验方法测量，或用计算方法求得该有源二端网络的开路电压 U_{OC} 和短路电流 I_{SC}，则等效电阻 $R_i = \dfrac{U_{OC}}{I_{SC}}$。

在使用戴维南定理时，应特别注意电压源 U_S 在等效电路中的正确连接。

给定一线性有源二端网络，如接在它两端的负载电阻不同，则从二端网络传输给负载的功率也不同。可以证明，当外接电阻 R 等于二端网络的戴维南等效电路的等效电阻 R_i 时，外接电阻获得的功率最大。满足 $R = R_i$ 时，称为负载与电源匹配。在电信工程中，由于信号一般很弱，常要求从信号源获得最大功率，因而必须满足匹配条件。但此时传输效率很低，这在电力工程中是不允许的。在电力系统中，输出功率很大时，效率非常重要，故应使电源内阻（以及输电线路电阻）远小于负载电阻。

例 1-9　图 1-32a 所示为一非平衡电桥电路，试求检流计的电流 I。

解： 将检流计从 a、b 处断开，对端子 a、b 来说，除去检流计之后的电路是一个有源二端网络。用戴维南定理求其等效电路。开路电压 U_{OC} 为（如图 1-32b 所示）

$$U_{OC} = 5I_1 - 5I_2 = \left(5 \times \frac{12}{5+5} - 5 \times \frac{12}{10+5} \right)\text{V} = 2\text{V}$$

将 12V 电压源短路，可求得端子 a、b 的输入电阻 R_i 为（如图 1-32c 所示）

$$R_i = \left(\frac{5 \times 5}{5+5} + \frac{10 \times 5}{10+5} \right)\Omega = 5.83\,\Omega$$

图 1-32a 所示电路可化简为图 1-32d 所示的等效电路，因而可整理求得

$$I = \frac{U_{OC}}{R_i + R_g} = \frac{2}{5.83 + 10}\text{A} = 0.126\text{A}$$

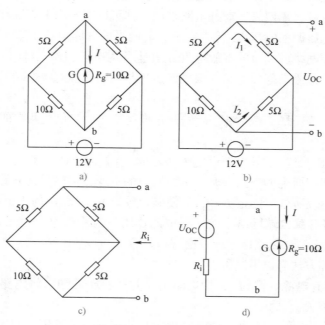

图 1-32　例 1-9 图

1.5 技能训练：直流电路基尔霍夫定律的接线与测试

1. 训练目的

1）明确基尔霍夫定律的正确性，加深对基尔霍夫定律的理解。

2）学会用电流插头、插座测量各支路电流。

2. 原理说明

基尔霍夫定律是电路的基本定律。测量某电路的各支路电流及每个元件两端的电压，应能分别满足基尔霍夫电流定律（KCL）和电压定律（KVL）。即对电路中的任一个节点而言，应有 $\Sigma I = 0$；对任何一个闭合回路而言，应有 $\Sigma U = 0$。

运用上述定律时必须注意各支路或闭合回路中电流的正方向，此方向可预先任意设定。

3. 设备与器件

设备与器件见表1-2。

表 1-2 设备与器件

序号	设备与器件	型号与参数	数量	备注
1	直流可调稳压电源	$0 \sim 30V$	两路	
2	万用表	$MF-500$	1	
3	直流数字电压表	$0 \sim 200V$	1	
4	电位、电压测定实验电路板		1	$KMDG-03$

4. 训练内容

测试电路用 DG05 挂箱的"基尔霍夫定律/叠加原理"电路，如图1-33 所示。

1）训练前先任意设定三条支路和三个闭合回路的电流正方向。图1-33 中 I_1、I_2、I_3 的方向已设定。三个闭合回路的电流正方向可设为 ADEFA、BADCB 和 FBCEF。

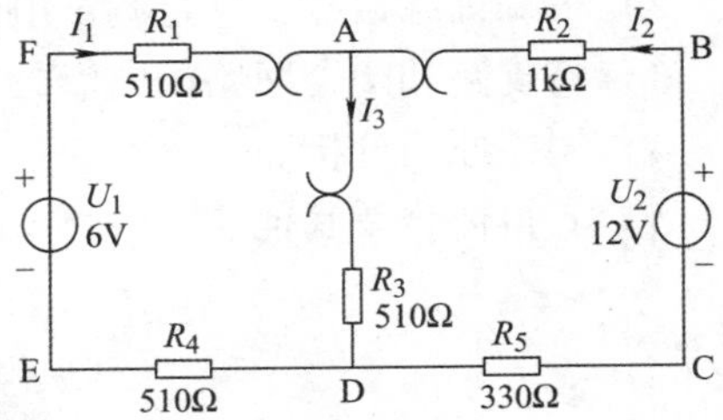

2）分别将两路直流稳压电源接入电路，令 $U_1 = 6V$，$U_2 = 12V$。

3）熟悉电流插头的结构，将电流插头的两端接至数字毫安表的"+""−"两端。

图 1-33 测试电路

4）将电流插头分别插入三条支路的三个电流插座中，读出并记录电流值。

5）用直流数字电压表分别测量两路电源及电阻元件上的电压值，记录在表1-3 中。

表1-3　测量数据

被测量	I_1/mA	I_2/mA	I_3/mA	U_1/V	U_2/V	U_{FA}/V	U_{AB}/V	U_{AD}/V	U_{CD}/V	U_{DE}/V
计算值										
测量值										
相对误差										

5. 训练注意事项

1）训练实施过程中，应一丝不苟、严谨认真地进行操作。坚决抵制修改数据的现象，建立"实践是检验真理的唯一标准"的科学精神。当测量结果与理论不吻合时，应分析原因并查找解决问题。

2）所有需要测量的电压值，均以电压表测量的读数为准。U_1、U_2也需测量，不应取电源本身的显示值。

3）防止稳压电源两个输出端碰线短路。

4）用指针式电压表或电流表测量电压或电流时，如果仪表指针反偏，则必须调换仪表极性，重新测量。此时指针正偏，可读得电压或电流值。若用数字电压表或电流表测量，则可直接读出电压或电流值。但应注意：所读得的电压或电流值的正、负号应根据设定的电流参考方向来判断。

6. 思考题

1）根据图中电路参数，计算出待测的电流 I_1、I_2、I_3 和各电阻上的电压值，记入表1-3中，以便测量时，可正确地选定毫安表和电压表的量程。

2）训练实施中，若用指针式万用表直流毫安档测各支路电流，在什么情况下可能出现指针反偏，应如何处理？在记录数据时应注意什么？若用直流数字毫安表进行测量，则会有什么显示呢？

7. 技能训练报告

1）根据训练数据，选定节点 A，验证 KCL 的正确性。
2）根据训练数据，选定测试电路中的任一个闭合回路，验证 KVL 的正确性。
3）将支路和闭合回路的电流方向重新设定，重复以上两项验证。
4）误差原因分析。
5）心得体会及其他。

习　题　1

1. 电路一般由几部分组成？它的作用是什么？
2. 电路的工作状态有几种？什么是满载、轻载、超载？
3. 什么是电流、电压的参考方向？分别怎么表示？

4. 什么是支路、节点、回路、网孔？完整叙述基尔霍夫定律，并用相应的数学式表示。

5. 两根材料、截面积完全一样的电阻丝，它们的长度比为 2∶1。若把它们串联在电路中，则它们的功率之比是多少？若把它们并联在电路中，则它们的功率之比又是多少？

6. 把 5Ω 的电阻和 10Ω 的电阻串联接在 15V 的电源上，则 5Ω 电阻消耗的电功率是多少？若把两个电阻并联在另一个电源上，已知 5Ω 电阻消耗的电功率是 10W，则 10Ω 电阻消耗的电功率是多少？

7. 将"220V 40W"和"220V 60W"的灯泡并联在 220V 的电路中，哪个灯泡亮些？若将它们串联在 220V 的电路中，则哪个灯泡亮些？

8. 已知部分电路及其电流如图 1-34 所示，则 I_X 和 I 分别是多少？

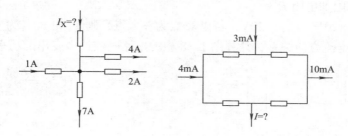

图　1-34

9. 求图 1-35a 所示电路中的电流 I。

10. 求图 1-35b 所示电路中 AB 端的等效电阻。

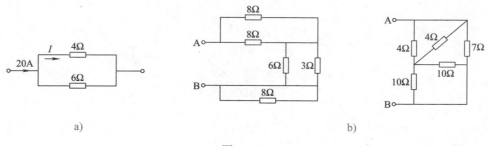

图　1-35

11. 图 1-36a ~ f 都表示处于通路状态的电阻负载，$R = 5\Omega$。图中标出的方向都是参考方向。试写出未知各量的值（注意正负号）；并标明 A、B 两端的实际极性（电位较高的标"＋"极，电位较低的标"－"极）。

12. 图 1-37 中，已知灯泡额定电压为 6V，额定电流为 50mA，可以正常发光的是（　　）。

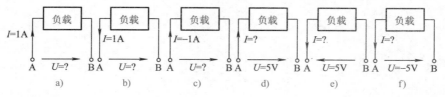

图　1-36

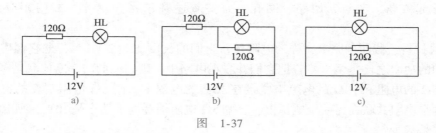

图　1-37

13. 有一只内阻 $R_g = 1k\Omega$、量程 $U_g = 5V$ 的电压表，现要求能测量 100V 的电压，应串联多大的附加电阻 R_x？

14. 有一只内阻 $R_g = 1k\Omega$、量程 $I_g = 100\mu A$ 的电流表，预改装成量程是 10mA 的电流表，应并联多大的附加电阻 R_x？

15. 已知 $U_{AB} = 20V$，$U_{BC} = 40V$，若以 C 点为参考点，则 V_A 和 V_B 各为多少？

16. 根据电压电流方向关系，计算图 1-38 中的电路吸收或者发出的功率。

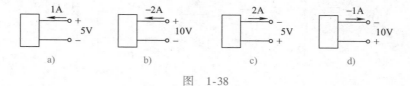

图　1-38

17. 图 1-39 所示电路中各元件上的电流和电压取关联参考方向。

（1）若 $I_1 = 10A$，$I_2 = 4A$，$I_5 = 6A$，求 I_3，I_4，I_6。

（2）若 $U_1 = 1V$，$U_3 = 2V$，$U_4 = 4V$，$U_S = 8V$，求 U_2，U_5，U_6。

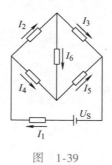

图　1-39

18. 图 1-40 所示电路中，$R_1 = 100\Omega$，$R_2 = 400\Omega$，$R_3 = 300\Omega$，$R_4 = 200\Omega$，$R_5 = 120\Omega$。求开关 S 断开与闭合时 A、B 之间的等效电阻。

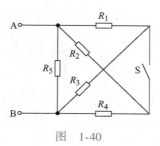

图　1-40

19. 求图 1-41 电路中，总电流 I 及通过电阻 R_2 的电流 I_2。

20. 求图 1-42 所示电路中 A、B 两点的电位及这两点间的电压。

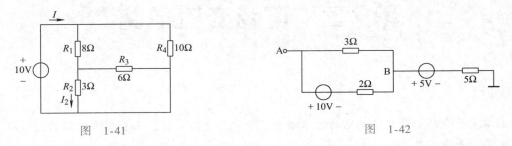

图 1-41   图 1-42

21. 电路如图 1-43 所示，用支路电流法求出各支路的电流。已知 $E_1 = 60V$，$E_2 = 10V$，$R_1 = 10\Omega$，$R_2 = 20\Omega$，$R_3 = 15\Omega$。

22. 如图 1-44 所示，试分别用叠加定理和戴维南定理求通过电阻 R_4 的电流。

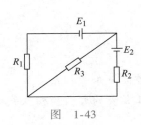

图 1-43

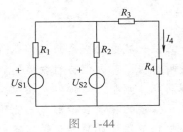

图 1-44

第2章　正弦交流电路

【知识点】

　　本章主要介绍正弦交流电路的基本概念、荧光灯电路分析、三相交流电路的组成以及电压与电流的关系、功率关系。

2.1　正弦交流电路的基本概念

【学习目标】

　　1）理解正弦交流电的概念、数学表达式的物理意义。
　　2）理解瞬时值、最大值与有效值的概念及相互关系。
　　3）理解周期、频率、角频率、相位、初相位、相位差的概念及相互关系。
　　4）理解正弦量的相量表示形式，能用相量图表示各正弦量的大小和相位关系。
　　5）掌握用相量法计算简单正弦交流电路的方法。

【知识内容】

　　前面我们学习了直流电，直流电是指方向不随时间变化的电压、电流或电动势。交流电则是指方向随时间变化的电压、电流或电动势。由于大多交流电都是周期性变化的，所以这种大小和方向都随时间做周期性变化的电压或电流称为周期性交流电。交流电按其变化规律可分为正弦交流电和非正弦交流电，如图2-1所示。本章如不特别说明，所讲的交流电都是指正弦交流电。下面着重讲解单相正弦交流电的相关知识。

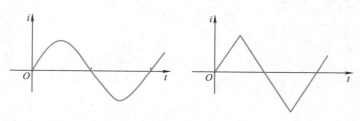

图2-1　交流电的波形图

2.1.1　正弦交流电的三要素

　　交流电的物理量用小写字母表示，如 e、u、i 等。如图2-2所示，图中标出的电动势 e、电流 i 和电压 u 的方向为参考方向，它们的实际方向是在不断变化的，与参考方向相同的半个周期为正值，与参考方向相反的半个周期为负值。

通常将某一瞬间交流电的值叫作交流电的瞬时值，可用解析式或波形图来表示。以电流 i 为例，正弦量的一般解析式（即瞬时值表达式）为

$$i(t) = I_m \sin(\omega t + \varphi) \qquad (2\text{-}1)$$

波形如图 2-3（设 $\varphi > 0$）所示。当然，正弦量的解析式和波形图都是对应于已经选定的参考方向而言的。

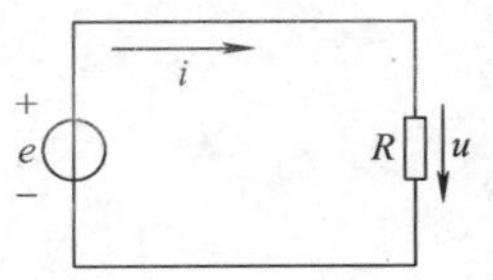

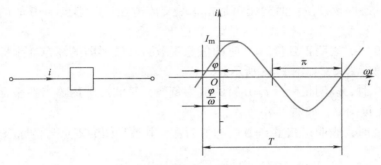

图 2-2 交流电的参考方向

图 2-3 参考方向下正弦电流的波形

式（2-1）中，只要知道 I_m、ω、φ 三个值，便可以将这个正弦电流描述出来，因此将这三个值称为正弦交流电的三要素。下面分别解释这三个值的意义。

1. 最大值

最大值是用来表示正弦交流电瞬时值变化范围的物理量，又叫振幅或峰值，用大写字母带下角标 m 表示，如 U_m、I_m、E_m 等。

2. 角频率

用来表示正弦交流电变化快慢的物理量有频率、周期和角频率。

1）频率：交流电每秒钟变化的次数，用字母 f 表示，单位是赫兹，简称赫，符号为 Hz。实际应用中还有千赫（kHz）、兆赫（MHz）等。

我国和世界上大多数国家的电力工业的标准频率（通常简称为工频）都是 50Hz，也有少数国家（如美国和日本）的工频采用 60Hz。

2）周期：交流电变化一周所用的时间，用字母 T 表示，单位是秒，符号为 s。

频率与周期是倒数关系，即

$$f = \frac{1}{T} \qquad (2\text{-}2)$$

3）角频率：交流电每秒钟变化的电角度，用字母 ω 表示，单位是弧度/秒，符号为 rad/s。由于交流电每变化一周所经过的电角度为 2πrad，所以，角频率和频率之间的关系为

$$\omega = 2\pi f = \frac{2\pi}{T} \qquad (2\text{-}3)$$

例 2-1 已知我国电力工频为 50Hz，问周期、角频率各为多少？

解：根据式（2-3）可得

周期
$$T = \frac{1}{f} = \frac{1}{50\text{Hz}} = 0.02\text{s}$$

$$\omega = 2\pi f = 2\pi \times 50\text{Hz} = 100\pi\text{rad/s} \approx 314\text{rad/s}$$

3. 初相角

在正弦交流电的解析式中，角度（$\omega t + \varphi$）叫相位角，简称相位，是决定正弦交流电在某一时刻所处状态的物理量；而初相角是指正弦交流电在计时起点 $t = 0$ 时的相位角，也就是角度 φ。初相角的范围是（$-\pi$，$+\pi$]，有以下三种情况：

1）当 $\varphi > 0$ 时，表明正弦量 $t = 0$ 时的值为正数，其波形图的零点在坐标原点左侧，与纵轴相差的电角度为 φ，如图 2-4a 所示。

2）当 $\varphi < 0$ 时，表明正弦量 $t = 0$ 时的值为负数，其波形图的零点在坐标原点右侧，与纵轴相差的电角度为 φ，如图 2-4b 所示。

3）当 $\varphi = 0$ 时，表明正弦量 $t = 0$ 时的值为零，其波形图的零点与坐标原点重合于一点，如图 2-4c 所示。

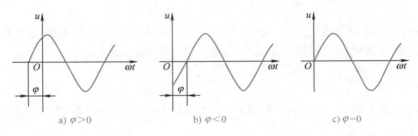

a) $\varphi > 0$ b) $\varphi < 0$ c) $\varphi = 0$

图 2-4　初相角的三种情况

综上所述，最大值、角频率和初相角各自反映了正弦交流电一个方面的特征，通过这三个量可以完整地表达一个正弦交流电，即可以画出它的波形图或写出它的瞬时表达式，所以，称它们为正弦交流电的三要素。

例 2-2　已知正弦交流电压的最大值 $U_{\text{m}} = 311\text{V}$，频率 $f = 50\text{Hz}$，初相角 $\varphi = 30°$。求：（1）该电压的瞬时表达式；（2）$t = 0\text{ms}$ 和 $t = 10\text{ms}$ 时的电压值。

解：（1）交流电压的一般表达式：$u = U_{\text{m}}\sin(\omega t + \varphi)$

式中，$U_{\text{m}} = 311\text{V}$，$\omega = 2\pi f = 2\pi \times 50\text{Hz} = 100\pi\text{rad/s}$，$\varphi = 30°$，代入数据得表达式为

$$u = 311\sin(100\pi t + 30°)\text{V}$$

（2）当 $t = 0\text{ms}$ 时，$u = 311\sin30°\text{V} = 155.5\text{V}$

当 $t = 10\text{ms}$ 时，$u = 311\sin(100\pi \times 10 \times 10^{-3} + 30°)\text{V} = -155.5\text{V}$

2.1.2　正弦交流电的相位差

相位差，顾名思义就是两个同频率正弦量的相位之差，用字母"$\varPhi$"表示。

设有两个正弦电压

$$u_1 = U_{1\mathrm{m}}\sin(\omega_1 t + \varphi_1)$$

$$u_2 = U_{2\mathrm{m}}\sin(\omega_2 t + \varphi_2)$$

这两个正弦量的相位差为

$$\Phi = (\omega_1 t + \varphi_1) - (\omega_2 t + \varphi_2)$$

当两正弦量的频率相同，即 $\omega_1 = \omega_2$ 时，有

$$\Phi = \varphi_1 - \varphi_2 \qquad\qquad (2\text{-}4)$$

可见：两个同频率正弦量的相位差就等于它们的初相角之差。相位差的取值范围是 $(-\pi, +\pi)$。有以下几种情况：

1）当 $\Phi = \varphi_1 - \varphi_2 > 0$ 时，说明 u_1 比 u_2 先到达最大值或零值，称 u_1 的相位超前 u_2 的相位 Φ，简称 u_1 超前 $u_2\ \Phi$ 角，或 u_2 滞后 $u_1\ \Phi$ 角，如图 2-5a 所示。

2）当 $\Phi = \varphi_1 - \varphi_2 < 0$ 时，称 u_1 滞后 $u_2\ \Phi$ 角，或 u_2 超前 $u_1\ \Phi$ 角。

3）当 $\Phi = 0$ 时，说明 u_1、u_2 同时到达最大值或零值，称 u_1 和 u_2 同相位，简称同相，如图 2-5b 所示。

4）当 $\Phi = \pm\pi$ 时，说明 u_1 到达正最大值时，u_2 到达负最大值，称 u_1 和 u_2 为反相，如图 2-5c 所示。

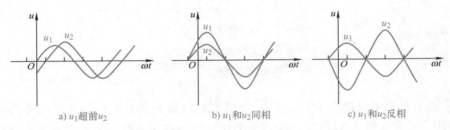

a) u_1超前u_2 b) u_1和u_2同相   c) u_1和u_2反相

图 2-5 u_1 与 u_2 的相位关系

2.1.3 正弦交流电的有效值

1. 有效值的定义

交流电的最大值、瞬时值显然都是表征交流电大小的物理量，但最大值是其一个特殊值，瞬时值是随时间不断变化的，它们都不能正确反映交流电在电路中的实际工作效果。为此，引入一个既能衡量交流电大小、又能正确反映交流电做功能力的物理量，叫有效值。

交流电的有效值是根据其热效应来确定的。如果在数值相等的两个电阻中，分别通入交流电和直流电（如图 2-6 所示），在交流电的一个周期的时间里，两种情况产生的热量相等，则把直流电流的数值称为该交流电流的有效值，用大写字母 I 表示。同理，我们可以把在数值相等的电阻上产生热效应相等的直流电压、直流电动势分别称为交流电压、交流电动势的有效值，分别用大写字母 U、E 表示。

平常我们所说的交流电流、电压和电动势的大小，各种交流电器设备铭牌所标的额定值，均是它们的有效值，如电度表所标的容量"220V，10A"就是指交流电压和电流的有效值。用交流电表所测量的电压、电流的数值也是交流电的有效值。

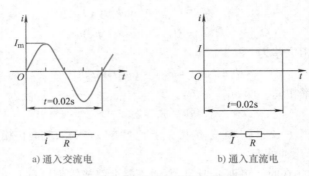

a) 通入交流电　　　　　　　b) 通入直流电

图 2-6　交流电的有效值

2. 有效值的大小

在电工技术中所说的电压高低和电流大小，既不是指瞬时值，也不是指最大值，而指的是有效值。有效值是从电流的热效应的角度规定的，用大写字母表示，如 U、I、E 等。

即

$$I = \frac{I_m}{\sqrt{2}} = 0.707 I_m$$

同理可得

$$U = \frac{U_m}{\sqrt{2}} = 0.707 U_m \tag{2-5}$$

$$E = \frac{E_m}{\sqrt{2}} = 0.707 E_m$$

因此，在有效值的基础上乘以 $\sqrt{2}$ 就可以得到它的最大值，如我们日常所说的照明用电电压为 220V，其最大值为 311V。在交流电路中计算一些元器件的耐压水平和电气设备绝缘要求时，应当考虑交流电的最大值，以免造成元件击穿和绝缘损坏。

例 2-3　电容器的耐压值为 250V，即所加电压超过 250V 时电容器就会损坏，问能否用在 220V 的单相交流电源上？

解：因为 220V 的单相交流电源为正弦电压，其最大值为 311V，大于电容器的耐压 250V，如果使用，电容就会被击穿，所以不能接在 220V 的单相电源上。

2.1.4　正弦交流电的相量表示法

要表示一个正弦量，前文介绍了解析式和正弦量的波形图两种方法。但这两种方法在分析和计算交流电路时比较麻烦，为此，下面介绍正弦量的相量表示法。

由于相量法要涉及复数的运算，所以在介绍相量法之前，先扼要复习一下复数的运算。

1. 复数及四则运算

（1）复数

在数学中常用 $A = a + ib$ 表示复数，其中 a 为实部，b 为虚部，$i = \sqrt{-1}$ 称为虚单位。在电工技术中，为区别于电流的符号，虚单位常用 j 表示。

若已知一个复数的实部和虚部，那么这个复数便可确定。

我们取一直角坐标系，其横轴为实轴，纵轴为虚轴，这两个坐标轴所在的平面称为复平面。这样，每一个复数在复平面上都可找到唯一的点与之对应，而复平面上每一点也都对应着唯一的复数。如复数 $A = 4 + j3$，所对应的点即为图 2-7 上的 A 点。

复数还可以用复平面上的一个矢量来表示。复数 $A = a + jb$ 可以用一个从原点 O 指向 A 点的矢量来表示，如图 2-8 所示，这种矢量称为复矢量。矢量的长度 r 称为复数的模，即

$$r = |A| = \sqrt{a^2 + b^2} \tag{2-6}$$

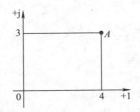
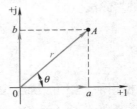

图 2-7　复数在复平面上的表示　　　　图 2-8　复数的矢量图示法

矢量和实轴正方向的夹角 θ 称为复数 A 的幅角，即

$$\theta = \arctan \frac{b}{a} \quad (-\pi < \theta \leqslant \pi) \tag{2-7}$$

不难看出，复数 A 的模 $|A|$ 在实轴上的投影就是复数 A 的实部 a，在虚轴上的投影就是复数 A 的虚部 b。

$$\left.\begin{array}{l} a = r\cos\theta \\ b = r\sin\theta \end{array}\right\} \tag{2-8}$$

（2）复数的四种形式

1）复数的代数形式　　　　　　　　　　$A = a + jb$

2）复数的三角函数形式（简称为三角形式）　　$A = r\cos\theta + jr\sin\theta$

3）复数的指数形式　　　　　　　　　　$A = re^{j\theta}$

4）复数的极坐标形式　　　　　　　　　$A = r \angle \theta$

在运算中，代数形式和极坐标形式是常用的，对它们的换算应该十分熟练。

例 2-4　写出复数 $A_1 = 4 - j3$，$A_2 = -3 + j4$ 的极坐标形式。

解：复数 A_1 的模　　$r_1 = \sqrt{4^2 + (-3)^2} = 5$

幅角　　　　　　　　$\theta_1 = \arctan \dfrac{-3}{4} = -36.9°$（在第四象限）

则 A_1 的极坐标形式为　　$A_1 = 5 \angle -36.9°$

复数 A_2 的模　　　　$r_2 = \sqrt{(-3)^2 + 4^2} = 5$

幅角　　　　　　　　$\theta_2 = \arctan \dfrac{4}{-3} = 126.9°$（在第二象限）

则 A_2 的极坐标形式为　　$A_2 = 5 \angle 126.9°$

例 2-5　写出复数 $A = 100 \angle 30°$ 的三角函数形式和代数形式。

解：三角函数形式　$A = 100(\cos30° + j\sin30°)$

代数形式　$A = 100(\cos30° + j\sin30°) = 86.6 + j50$

（3）复数的四则运算

1）复数的加减法。

设 $A_1 = a_1 + jb_1 = r_1 \angle \theta_1$，$A_2 = a_2 + jb_2 = r_2 \angle \theta_2$

则 $$A_1 \pm A_2 = (a_1 \pm a_2) + j(b_1 \pm b_2) \tag{2-9}$$

即复数相加减时，将实部与实部相加减，虚部与虚部相加减。图 2-9 为复数相加减矢量图。复数相加符合"平行四边形法则"，复数相减符合"三角形法则"。

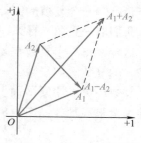

图 2-9　复数相加减矢量图

2）复数的乘除法。

$$A_1 \cdot A_2 = r_1 \angle \theta_1 \cdot r_2 \angle \theta_2 = r_1 \cdot r_2 \angle \theta_1 + \theta_2 \tag{2-10}$$

$$\frac{A_1}{A_2} = \frac{r_1 \angle \theta_1}{r_2 \angle \theta_2} = \frac{r_1}{r_2} \angle \theta_1 - \theta_2 \tag{2-11}$$

即复数相乘，模相乘，幅角相加；复数相除，模相除，幅角相减。

例 2-6　求复数 $A = 8 + j6$，$B = 6 - j8$ 之和 $A + B$ 及积 $A \cdot B$。

解：$A + B = (8 + j6) + (6 - j8) = 14 - j2$

$A \cdot B = (8 + j6) \cdot (6 - j8) = 10 \angle 36.9° \cdot 10 \angle -53.1° = 100 \angle -16.2°$

2. 正弦量的相量表示法

相量表示法又叫矢量图示法，是用旋转矢量表示正弦量的方法。图 2-10 所示为正弦交流电流 $i = I_m \sin(\omega t + \varphi)$ 的相量表示，是在复平面上作出的表示正弦量的矢量。图中矢量叫最大值相量，用 "$\dot{I}_m$" 表示（也可表示正弦量的有效值，叫有效值相量，用 "$\dot{I}$" 表示），其长度表示正弦量的最大值；矢量与横坐标的夹角表示初相角 φ，当 $\varphi > 0$ 时矢量在横坐标的上方，当 $\varphi < 0$ 时，矢量在横坐标的下方；矢量以角速度 ω 逆时针旋转。

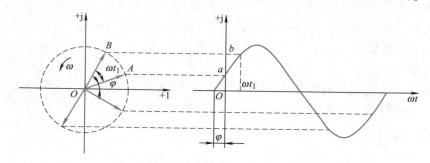

图 2-10　正弦量的相量表示

在正弦交流电路中，由于角频率 ω 常为一定值，各电压和电流都是同频率的正弦量，这样，表示各正弦量的旋转矢量的旋转角速度都相等。因此，我们可以忽略矢量的旋转，用初始时刻的矢量表示正弦量。需说明的是，正弦量本身并不是矢量，而是标量，所以将表示正弦量的矢量叫作相量。将同频率的正弦量的相量画在一个坐标图中，就叫作相量图。

正弦量的相量和复数一样，都可以在复平面上用矢量表示，所以可以用复数来表示正弦量的相量，将模等于正弦量的最大值（或有效值）、幅角等于正弦量的初相的复数称为该正弦量的相量。如

$$\dot{I}_m = I_m \angle \varphi$$
$$\tag{2-12}$$
$$\dot{I} = I \angle \varphi$$

只有同频率的正弦量才能相互运算，运算方法按复数的运算规则进行。把用相量表示正弦量进行正弦交流电路运算的方法称为相量法。

例 2-7 已知两个正弦量的解析式分别为 $i = 10\sin(\omega t + 30°)\,\mathrm{A}$，$u = 220\sqrt{2}\sin(\omega t - 45°)\,\mathrm{V}$，分别写出电流和电压的最大值相量和有效值相量，并绘出相量图。

解： 由解析式可得

$$I = \frac{I_m}{\sqrt{2}} = \frac{10\mathrm{A}}{\sqrt{2}} = 5\sqrt{2}\ \mathrm{A}\ , \ \varphi_i = 30°$$

$$U = \frac{U_m}{\sqrt{2}} = \frac{220\sqrt{2}\,\mathrm{V}}{\sqrt{2}} = 220\mathrm{V}\ , \ \varphi_u = -45°$$

所以，最大值相量为

$$\dot{I}_m = I_m \angle \varphi_i = 10 \angle 30°\ \mathrm{A}$$

$$\dot{U}_m = U_m \angle \varphi_u = 220\sqrt{2} \angle -45°\ \mathrm{V}$$

有效值相量为

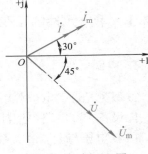

$$\dot{I} = I \angle \varphi_i = 5\sqrt{2} \angle 30°\ \mathrm{A}$$

$$\dot{U} = U \angle \varphi_u = 220 \angle -45°\ \mathrm{V}$$

相量图如图 2-11 所示，箭头中的虚线表示此线段很长，表示

图 2-11　例 2-7 图

的电压有效值为 220V（长度是电流相量箭头长度的 $\dfrac{220}{5\sqrt{2}} = 22\sqrt{2}$ 倍）。

例 2-8 已知工频条件下，两正弦量的相量分别为 $\dot{U}_1 = 10\sqrt{2} \angle 60°\ \mathrm{V}$，$\dot{U}_2 = 20\sqrt{2} \angle -30°\ \mathrm{V}$。试求两正弦电压的解析式。

解： 由给定的相量形式可知是有效值相量，所以可得

$$U_1 = 10\sqrt{2}\mathrm{V}\ , \ \varphi_1 = 60°$$

$$U_2 = 20\sqrt{2}\mathrm{V}, \ \varphi_2 = -30°$$

则最大值分别为

$$U_{1m} = 10\sqrt{2}\,\mathrm{V} \times \sqrt{2} = 20\mathrm{V}$$

$$U_{2m} = 20\sqrt{2}\,\mathrm{V} \times \sqrt{2} = 40\mathrm{V}$$

工频下 $f = 50\mathrm{Hz}$，则

$$\omega = 2\pi f = 2\pi \times 50\mathrm{Hz} = 100\pi\mathrm{rad/s}$$

所以可得

$$u_1 = 20\sin(100\pi t + 60°)\,\text{V}$$

$$u_2 = 40\sin(100\pi t - 30°)\,\text{V}$$

2.2 单相交流电路

【学习目标】

1）了解纯电阻、纯电感、纯电容交流电路中的能量转换。

2）掌握纯电阻、纯电感、纯电容交流电路中电压与电流之间量值关系和相位关系，建立感抗、容抗的概念。

3）掌握 *RLC* 串、并联交流电路中电压与电流的关系以及基本分析方法和计算方法。

4）掌握正弦交流电路的有功功率、无功功率、视在功率及功率因数的简单计算。

【知识内容】

2.2.1 单一元件的正弦交流电路

1. 电阻元件

类似荧光灯、电炉等用电器，其主要作用都是将电能转换为其他形式的能量，它们都属于耗能设备，其电路模型都是电阻元件。

（1）电压与电流的关系

如图 2-12 所示，当线性电阻 R 两端加上正弦交流电压 u_R 时，电阻中便有正弦交流电流 i_R 通过。在前面的内容中我们已经学过，在任一瞬间，电压 u_R 和电流 i_R 都满足欧姆定律。选择电压与电流关联参考方向时，可得到电阻元件上电压、电流的下列关系式。

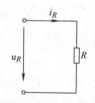

图 2-12 交流电路中的电阻元件

1）瞬时值关系

$$i_R = \frac{u_R}{R} \tag{2-13}$$

2）大小关系。幅值关系：

$$I_{Rm} = \frac{U_{Rm}}{R} \quad 或 \quad U_{Rm} = RI_{Rm}$$

把上式中电流和电压的幅值各除以 $\sqrt{2}$，便可得电压、电流有效值大小关系为

$$I_R = \frac{U_R}{R} \quad 或 \quad U_R = RI_R \tag{2-14}$$

3）相位关系。由上面的求解可以得到 $\varphi_u = \varphi_i$，所以电流和电压是同相的。图 2-13a 是电阻元件上电流和电压的波形图（设 $R > 1\,\Omega$，$\varphi_u = \varphi_i > 0$）。

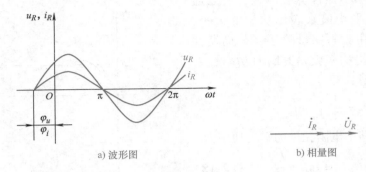

a) 波形图　　　　　　　　　　　b) 相量图

图 2-13　电阻元件上电压与电流的关系

4）相量关系。由电流的解析式可以写出对应的相量为

$$\dot{I}_R = I_R \angle \varphi_i$$

电压的相量为

$$\dot{U}_R = U_R \angle \varphi_u = I_R R \angle \varphi_u$$

所以有
$$\dot{U}_R = \dot{I}_R R \tag{2-15}$$

式（2-15）就是交流电路中电阻元件上电压与电流的相量关系，也就是相量形式的欧姆定律。图 2-13b 是电压与电流的相量图，表明电阻元件电压相量与电流相量是同相位关系。

（2）功率

交流电路中，任一瞬间，元件上电压的瞬时值与电流的瞬时值的乘积叫作该元件的瞬时功率，用小写字母 p 表示，即

$$p = ui \tag{2-16}$$

电阻元件通过正弦交流电时，在关联参考方向下，若

$$u_R = U_{Rm} \sin \omega t$$

则

$$i_R = I_{Rm} \sin \omega t$$

所以，电阻吸收的瞬时功率为

$$
\begin{aligned}
p_R &= u_R i_R \\
&= U_{Rm} \sin \omega t \times I_{Rm} \sin \omega t \\
&= U_{Rm} I_{Rm} \sin^2 \omega t \\
&= \frac{U_{Rm} I_{Rm}}{2}(1 - \cos 2\omega t) \\
&= U_R I_R (1 - \cos 2\omega t)
\end{aligned}
\tag{2-17}
$$

图 2-14 画出了电阻元件的瞬时功率曲线。由式（2-17）和图 2-14 瞬时功率曲线可知，电阻元件的瞬时功率以电源频率的两倍做周期性变化，在任一瞬间，电压与电流的实际方向都是相同的，所以始终有 $p \geqslant 0$，表明电阻元件是一个耗能元件，任一瞬间均从电源吸收功率。

由于瞬时功率不便计算和测量，所以通常用瞬时功率的平均值来表示功率的大小，叫作平均功率，用大写字母 P 表示。周期性交流电路中的平均功率就是其瞬时功率在一个周期内的平均值，即

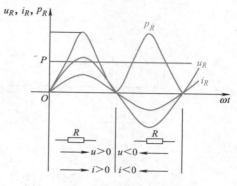

$$P = \frac{1}{T}\int_0^T p\,\mathrm{d}t$$

正弦交流电路中电阻元件的平均功率为

$$P_R = U_R I_R = I_R^2 R = \frac{U_R^2}{R} \qquad (2\text{-}18)$$

图 2-14　电阻元件的瞬时功率曲线

平均功率简称为功率，单位为瓦（W），工程上也常用千瓦（kW）。由于平均功率反映了电阻元件实际消耗电能的情况，所以又称有功功率。例如，60W 的灯泡、1000W 的电炉等都是指平均功率。

例 2-9　一电阻 $R = 100\Omega$，R 两端的电压 $u_R = 100\sqrt{2}\sin(\omega t - 30°)\text{V}$，求：（1）通过电阻 R 的电流 I_R 和 i_R。（2）电阻 R 吸收的功率 P_R。（3）作 $\dot{U}_R$、$\dot{I}_R$ 的相量图。

解：（1）因为 $U_{Rm} = 100\sqrt{2}\text{V}$

所以 $U_R = \dfrac{U_{Rm}}{\sqrt{2}} = \dfrac{100\sqrt{2}\text{V}}{\sqrt{2}} = 100\text{V}$

则 $I_R = \dfrac{U_R}{R} = \dfrac{100\text{V}}{100\Omega} = 1\text{A}$

又因为 i_R 与 u_R 是同频率、同相位的，所以

$$i_R = \sqrt{2}I_R\sin(\omega t - 30°)\text{A} = \sqrt{2}\sin(\omega t - 30°)\text{A}$$

（2）$P_R = U_R I_R = 100\text{V} \times 1\text{A} = 100\text{W}$ 或 $P_R = I_R^2 R = (1\text{A})^2 \times 100\Omega = 100\text{W}$

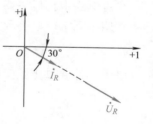

（3）相量图如图 2-15 所示。图中虚线表示线段很长（电压相量箭头的长度是电流相量箭头长度的 100 倍）。

图 2-15　例 2-9 图

例 2-10　标有"220V，100W"的电烙铁，接在 220V 的交流电源上，通过的电流是多少？工作 4h 消耗的电能是多少？

解：先求电烙铁的电阻 R：$\quad R = \dfrac{U_R^2}{P_R} = \dfrac{(220\text{V})^2}{100\text{W}} = 484\Omega$

后求通过的电流：$\quad I_R = \dfrac{U_R}{R} = \dfrac{220\text{V}}{484\Omega} \approx 0.45\text{A}$

再求 4h 消耗的电能：$\quad W_R = I_R U_R t = 0.45 \times 220 \times 4 \times 10^{-3}\text{kWh} = 0.4\text{kWh}$

2. 电感元件

大多交流电路都是电感性的，分析电路时，其电感作用可以用电感元件来代替。荧光灯电路中镇流器的电路模型就是电感元件。

（1）电压与电流的关系

1）瞬时值关系。电感元件上的伏安关系，我们在前面已经讲过，在图2-16所示的关联参考方向下，式（2-19）是交流电路中电感元件上电压和电流的瞬时值关系式，二者是微分关系，而不是正比关系。

$$u_L = L\frac{\mathrm{d}i_L}{\mathrm{d}t} \qquad (2\text{-}19)$$

图2-16 交流电路中的电感元件

2）大小关系。幅值关系：

$$U_{Lm} = \omega L I_{Lm}$$

两边同除以$\sqrt{2}$，便可得电压、电流有效值大小关系为

$$I_L = \frac{U_L}{\omega L} = \frac{U_L}{X_L} \quad 或 \quad U_L = \omega L I_L = X_L I_L \qquad (2\text{-}20)$$

式中

$$X_L = \omega L = 2\pi f L \qquad (2\text{-}21)$$

X_L称为感抗，当ω的单位为rad/s，L的单位为H时，X_L的单位为Ω。感抗是用来表示电感线圈对电流的阻碍作用的物理量。在电压一定的条件下，ωL越大，电路中的电流越小。式（2-21）表明感抗X_L与电源的频率（角频率）成正比。电源频率越高，感抗越大，表示电感对电流的阻碍作用越大。反之，频率越低，线圈的感抗也就越小。对直流电来说，频率$f=0$，感抗也就为零。电感元件在直流电路中相当于短路。

3）相位关系。由上面的推导可以得到电感元件上电压和电流的相位关系为

$$\varphi_u = \frac{\pi}{2} + \varphi_i \qquad (2\text{-}22)$$

即电感元件上电压较电流超前90°，或者说，电流滞后电压90°。图2-17a给出了电流和电压的波形图（设$X_L > 1\Omega$，$\varphi_i = 0$）。

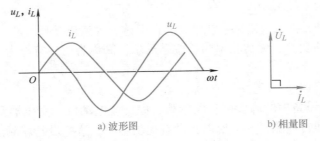

a) 波形图   b) 相量图

图2-17 电感元件上电压与电流的关系

4）相量关系。在关联参考方向下

$$\dot{U}_L = \mathrm{j}\omega L \dot{I} = \mathrm{j}X_L \dot{I}_L \qquad (2\text{-}23)$$

式（2-23）是交流电路中电感元件上电压与电流的相量关系，也是交流电路中相量形式的欧姆定律。图2-17b所示是电压与电流的相量图，二者是垂直关系，电压超前电流90°。

（2）功率

1）瞬时功率

$$p_L = u_L i_L = U_L I_L \sin 2\omega t \qquad (2\text{-}24)$$

式（2-24）说明电感元件的瞬时功率 p 也是随着时间按正弦规律变化的，其频率是电流频率的两倍。图 2-18 画出了电感元件的瞬时功率曲线。

2）平均功率

$$P = \frac{1}{T}\int_0^T p\mathrm{d}t = \frac{1}{T}\int_0^T U_L I_L \sin 2\omega t \mathrm{d}t = 0 \tag{2-25}$$

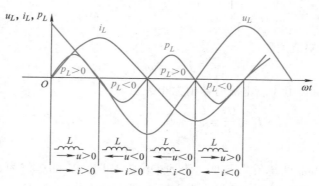

图 2-18 电感元件的瞬时功率曲线

由图 2-18 可看到，在第一及第三个 1/4 周期内，瞬时功率为正值，电感元件从电源吸收功率；在第二及第四个 1/4 周期内，瞬时功率为负值，电感元件向电源释放功率。在一个周期内，吸收功率和释放功率是相等的，即平均功率为零。这说明电感元件不是耗能元件，而是储能元件，与电源之间存在着能量的交换，吸收功率时将电能转换为磁场能存储起来，释放功率时将储存的磁场能转换为电能。

3）无功功率。为了表示电感元件与交流电源交换能量的数量大小，我们把电感元件上瞬时功率的最大值称为电感线圈的无功功率，用符号 Q_L 表示，即

$$Q_L = U_L I_L = I_L^2 X_L = \frac{U_L^2}{X_L} \tag{2-26}$$

$Q_L > 0$ 时，电感元件吸收功率；$Q_L < 0$ 时，电感元件发出功率。

为了区别于有功功率，无功功率的单位是乏尔，简称为乏，符号为"var"，有时还用千乏（kvar）。

必须指出的是，这里"无功"的含义是"交换"，而不是消耗，更不能理解为"无用"。这是因为电气设备中的许多电感性负载，如交流电动机、变压器和扬声器等，都是依靠交变磁场来传送和转换能量的。所以，没有无功功率，这些设备就无法工作。

例 2-11 设有一线圈为纯电感，电感 $L = 127\mathrm{mH}$，把其接在 $u_L = 220\sqrt{2}\sin(314t + 30°)\mathrm{V}$ 的交流电路中，求：

（1）电流的有效值及其瞬时值表达式。

（2）无功功率。

解：（1）先求线圈的感抗：

$$X_L = 2\pi f L = 2\pi \times 50 \times 127 \times 10^{-3}\Omega = 40\Omega$$

后求线圈中通过的电流：

$$I_L = \frac{U_L}{X_L} = \frac{220\mathrm{V}}{40\Omega} = 5.5\mathrm{A}$$

再写出电流 i_L 的瞬时表达式，因为电流 i_L 滞后电压 u_L 90°，所以：

$$i_L = 5.5\sqrt{2}\sin(314t + 30° - 90°)\,\text{A} = 5.5\sqrt{2}\sin(314t - 60°)\,\text{A}$$

（2）无功功率： $\qquad Q_L = U_L I_L = 220\text{V} \times 5.5\text{A} = 1210\text{var}$

3. 电容元件

（1）电压与电流的关系

1）瞬时值关系。电容元件上的伏安关系，在前面已经学过了。在图 2-19 所示的关联参考方向下，有

$$i_C = C\frac{\mathrm{d}u_C}{\mathrm{d}t} \qquad\qquad (2\text{-}27)$$

电容元件上电流和电压的瞬时关系是微分关系。

图 2-19 交流电路中的电容元件

2）大小关系。幅值关系：

$$I_{Cm} = \omega C U_{Cm}$$

两边同除以 $\sqrt{2}$，便可得电压、电流有效值大小关系为

$$U_C = \frac{I_C}{\omega C} = I_C X_C \quad 或 \quad I_C = \omega C U_C = \frac{U_C}{X_C} \qquad\qquad (2\text{-}28)$$

式中 $\qquad\qquad X_C = \frac{1}{\omega C} = \frac{1}{2\pi f C} \qquad\qquad (2\text{-}29)$

X_C 称为容抗，当 ω 的单位为 rad/s，C 的单位为 F 时，X_C 的单位为 Ω。容抗是表示电容在充放电过程中对电流的阻碍作用。在一定的电压下，容抗越大，电路中的电流越小。

由式（2-29）可看出，容抗 X_C 与电源的频率（角频率）成反比。电源频率越高，容抗越小，表示电容对电流的阻碍作用越小。反之，频率越低，电容的容抗也就越大。对直流电来说，频率 $f = 0$，容抗也为无穷大，电容元件相当于开路。

3）相位关系。由上面的推导可以得到电容元件上电压和电流的相位关系为

$$\varphi_i = \frac{\pi}{2} + \varphi_u \qquad\qquad (2\text{-}30)$$

即电容元件上电压较电流滞后 90°，或者说，电流超前电压 90°。图 2-20a 给出了电流和电压的波形图（设 $X_C > 1Ω$，$\varphi_u = 0$）。

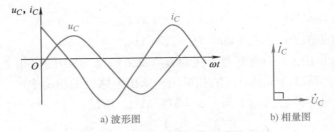

a) 波形图　　　　　　　　　　　b) 相量图

图 2-20 电容元件上电压与电流的关系

4）相量关系。在关联参考方向下

$$\dot{U}_C = \frac{1}{\mathrm{j}\omega C}\dot{I}_C = -\mathrm{j}X_C\dot{I}_C \qquad\qquad (2\text{-}31)$$

式(2-31) 就是交流电路中电容元件上电压与电流的相量关系，也是交流电路中相量形式的欧姆定律。图 2-20b 所示是电压与电流的相量图，二者是垂直的关系，电流超前电压 90°。

（2）功率

1）瞬时功率

$$p_C = u_C i_C = U_C I_C \sin 2\omega t \qquad (2\text{-}32)$$

式(2-32) 说明电容元件的瞬时功率 p 也是随着时间按正弦规律变化的，其频率也是电流频率的两倍。图 2-21 画出了电容元件的瞬时功率曲线。

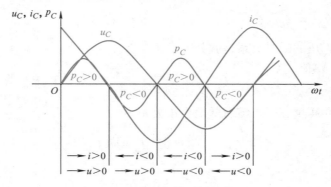

图 2-21　电容元件的瞬时功率曲线

2）平均功率

$$P = \frac{1}{T}\int_0^T p\,\mathrm{d}t = \frac{1}{T}\int_0^T U_C I_C \sin 2\omega t\,\mathrm{d}t = 0 \qquad (2\text{-}33)$$

同电感元件一样，在一个周期内，电容元件的平均功率也为零。这说明电容元件也不是耗能元件，而是"储能元件"，与电源之间存在着能量的交换，吸收功率时将电能转换为电场能存储起来，释放功率时是将储存的电场能转换为电能。

3）无功功率。为了表示电容元件与交流电源交换能量的数量大小，我们把电容元件上瞬时功率的最大值称为电容元件的无功功率，用符号 Q_C 表示，即

$$Q_C = U_C I_C = I_C{}^2 X_C = \frac{U_C{}^2}{X_C} \qquad (2\text{-}34)$$

$Q_C > 0$ 时，电容元件吸收功率；$Q_C < 0$ 时，电容元件发出功率。

电容无功功率的单位也是乏（var）或千乏（kvar）。

例 2-12　把一个 10 μF 的电容器，接到 $U_C = 220\text{V}$、$\varphi = 30°$ 的工频交流电源上，试写出电流的瞬时表达式，画出电压、电流的相量图，求出电路的无功功率。

解：（1）先求电容的容抗。工频下 $\omega = 314\text{rad/s}$，所以：

$$X_C = \frac{1}{\omega C} = \frac{1}{314 \times 10 \times 10^{-6}}\Omega = 318\Omega$$

后求电流：

$$I_C = \frac{U_C}{X_C} = \frac{220\text{V}}{318\Omega} = 0.692\text{A}$$

再写出电流的瞬时表达式，因为电流 i 超前电压 u 90°，所以

$$i_C = 0.692\sqrt{2}\sin(314t + 120°)\,\text{A}$$

（2）电压、电流相量图如图 2-22 所示。箭头中的虚线表示此线段很长，表示电压有效值为 220V（长度是电流有效值矢量长度的 318 倍）。

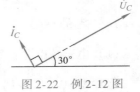

图 2-22　例 2-12 图

（3）无功功率：

$$Q = U_C I_C = 220\text{V} \times 0.692\text{A} = 152\text{var}$$

2.2.2　*RLC* 串联电路

电阻、电感、电容串联电路（*RLC* 串联电路）包含了三个不同的电路参数，是具有一般意义的典型电路。常用的串联电路都可以认为是这种电路的特例。

1. 电压与电流的关系

图 2-23 为 *RLC* 串联电路。电路中流过各元件的是同一个电流 i，若电流 $i = I_m\sin\omega t$，则其相量为

$$\dot{I} = I\angle 0°$$

电阻元件上的电压为

$$\dot{U}_R = R\dot{I}$$

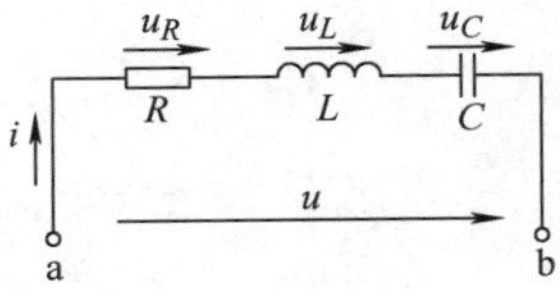

电感元件上的电压为

$$\dot{U}_L = jX_L\dot{I}$$

图 2-23　*RLC* 串联电路

电容元件上的电压为

$$\dot{U}_C = -jX_C\dot{I}$$

由 KVL 得

$$u = u_R + u_L + u_C$$

相量形式为

$$\dot{U} = \dot{U}_R + \dot{U}_L + \dot{U}_C = R\dot{I} + jX_L\dot{I} - jX_C\dot{I} = [R + j(X_L - X_C)]\dot{I}$$

所以

$$\dot{U} = (R + jX)\dot{I} = Z\dot{I} \tag{2-35}$$

式中，$X = X_L - X_C$ 称为 *RLC* 串联电路的电抗，单位为欧（Ω），其正负关系到电路的性质；Z 是交流电路中的复阻抗，单位是欧（Ω）。

RLC 串联电路中，复阻抗为

$$
\begin{aligned}
Z &= R + jX = R + j(X_L - X_C) \\
&= \sqrt{R^2 + (X_L - X_C)^2}\,\bigg/\,\arctan\frac{X_L - X_C}{R} = |Z|\angle\varphi
\end{aligned}
\tag{2-36}
$$

可见，*RLC* 串联电路总的复阻抗等于三个元件的复阻抗的和，这一点满足等效复阻抗的计算。式（2-35）就是 *RLC* 串联电路中的相量形式的欧姆定律。

2. 电路的性质

（1）电感性电路：$X_L > X_C$

此时 $X > 0$，$U_L > U_C$。阻抗角 $\varphi = \arctan \dfrac{X}{R} > 0$。

以电流 $\dot{I}$ 为参考方向，$\dot{U}_R$ 和电流 $\dot{I}$ 同相，$\dot{U}_L$ 超前于电流 $\dot{I}$ 90°，$\dot{U}_C$ 滞后于电流 $\dot{I}$ 90°。将各电压相量相加，即得总电压 $\dot{U}$。相量图如图 2-24a 所示，从相量图中可看出，电流滞后于电压 φ 角。

（2）电容性电路：$X_L < X_C$

此时 $X < 0$，$U_L < U_C$。阻抗角 $\varphi = \arctan \dfrac{X}{R} < 0$。如前所述作相量图，如图 2-24b 所示，从相量图中可看出，电流超前于电压 φ 角。

（3）电阻性电路：$X_L = X_C$

此时 $X = 0$，$U_L = U_C$。阻抗角 $\varphi = 0$。其相量图如图 2-24c 所示，从相量图中可看出，此时电流与电压同相。

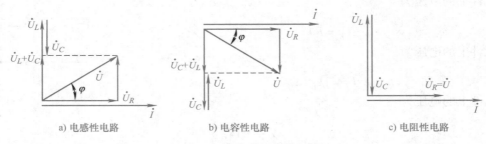

a) 电感性电路   b) 电容性电路   c) 电阻性电路

图 2-24 RLC 串联电路的相量图

注意：这种电路相当于纯电阻电路，但与纯电阻电路又不同，因为它本质上是有感抗和容抗的，只是作用相互抵消而已，所以称它为"电阻性"电路。

我们将 RLC 构成的串联电路出现的端口电压与电流同相的这种情况称为电路的串联谐振，此时 $\omega L = \dfrac{1}{\omega C}$，$\omega = \dfrac{1}{\sqrt{LC}}$ 称为串联谐振角频率，其对应的频率 $f = \dfrac{1}{2\pi\sqrt{LC}}$ 称为电路的固有频率。所以改变电路中的 f 或 L、C 的值，就可以使电路发生串联谐振。串联谐振在电子电路中应用较多。

同理，在 RLC 构成的并联电路中出现的端口电压与电流同相的这种情况称为电路的并联谐振。

图 2-24a 中的三角形称为 RLC 串联电路的电压三角形。

3. 功率

在 RLC 串联电路中，电阻是耗能元件，故有有功功率；电感和电容是储能元件，一般情况下也有无功功率（$\varphi = 0$ 时除外）。由于电感上与电容上的电压恰好相位相反，就形成了电感储存磁场能与电容释放电场能的互补性质。也就是说，电感（或电容）所存储的能量中，有一部分是来自电容（或电感）所释放的电场（磁场）能。这样，电路与电源之间的能量交换（即总无功功率）就应该是电感无功功率与电容无功功率之差。于是，有功功率为

$$P = U_R I = I^2 R = U I \cos\varphi \tag{2-37}$$

无功功率为

$$Q = Q_L - Q_C = U_L I - U_C I = (U_L - U_C) I$$
$$= I^2 (X_L - X_C) = I^2 X = U I \sin\varphi \tag{2-38}$$

将以上两式两边二次方后相加得

$$P^2 + Q^2 = (UI)^2 \times (\cos^2\varphi + \sin^2\varphi) = (UI)^2 = S^2 \tag{2-39}$$

式中，$S = UI$ 称负载的视在功率（也是电源输出的视在功率），单位是伏·安（VA），因此有 $S = \sqrt{P^2 + Q^2}$。

由此得：RLC 串联电路的功率三角形如图 2-25 所示。

总电压与电流的相位差 φ 又可表示为

$$\varphi = \arctan\frac{Q}{P} \tag{2-40}$$

所以，根据 Q 值的符号，也可判断电路特性。

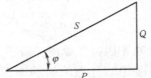

图 2-25　RLC 串联电路的功率三角形

1）$Q > 0$，电路呈感性。

2）$Q < 0$，电路呈容性。

3）$Q = 0$，电路呈阻性。

例 2-13　线圈和一电容器相串联。已知线圈 $R = 4\Omega$，$L = 25.4 \times 10^{-3}$H；电容 $C = 637\mu$F；外加电压 $u = 311\sin(314t + 45°)$V。试求：（1）电路的电流 I；（2）各元件上的电压降 U_R、U_L、U_C、U_X，并作相量图。

解：（1）线圈的感抗　　$X_L = \omega L = 314 \times 25.4 \times 10^{-3}\Omega \approx 8\Omega$；

电容的容抗

$$X_C = \frac{1}{\omega C} = \frac{1}{314 \times 637 \times 10^{-6}}\Omega \approx 5\Omega$$

电路的阻抗

$$|Z| = \sqrt{R^2 + (X_L - X_C)^2} = \sqrt{4^2 + (8-5)^2}\Omega = 5\Omega$$

电路的电流

$$I = \frac{U}{|Z|} = \frac{311}{\sqrt{2} \times 5}\text{A} = 44\text{A}$$

（2）电阻上的电压降

$$U_R = IR = 44\text{A} \times 4\Omega = 176\text{V}$$

电感上的电压降

$$U_L = IX_L = 44\text{A} \times 8\Omega = 352\text{V}$$

电容上的电压降

$$U_C = IX_C = 44\text{A} \times 5\Omega = 220\text{V}$$

电抗上的电压降

$$U_X = I(X_L - X_C) = 44\text{A} \times 3\Omega = 132\text{V}$$

总电压与电流的相位差

$$\varphi = \arctan\frac{U_X}{U_R} = \arctan\frac{132}{176} \approx 36.87°$$

以电流为参考相量，作相量图如图 2-26 所示。

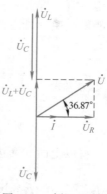

图 2-26　例 2-13 图

4. 功率因数

在上述讨论的感性（或容性）串联电路中，有功功率 $P = S\cos\varphi$（φ 是总电压与电路电流的相位差），其物理意义可以理解为：负载消耗的有功功率 P 是电源输出功率 S 的 $\cos\varphi$ 倍。由于 $-90° \leqslant \varphi \leqslant 90°$，$0 \leqslant \cos\varphi \leqslant 1$，所以，$\cos\varphi$ 反映了负载中有功功率所占电源输出功率的比例，定义为功率因数，用字母"λ"表示，即

$$\lambda = \cos\varphi = \frac{P}{S} \tag{2-41}$$

功率因数无单位，值越大，说明负载消耗的有功功率越多，而与电源交换的无功功率越少。如电灯、电炉的功率因数为 1，说明它们只消耗有功功率；异步电动机功率因数为 0.7 ~ 0.9，说明它们工作时需要一定的无功功率。

2.2.3 *RLC* 并联电路（荧光灯电路的分析）

1. 荧光灯电路的组成

荧光灯电路由辉光启动器、辉光启动器座、灯管、镇流器、灯座和灯架等组成，如图 2-27 所示。

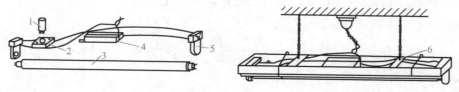

图 2-27　荧光灯电路的组成

1—辉光启动器　2—辉光启动器座　3—灯管　4—镇流器　5—灯座　6—灯架

2. 荧光灯的工作原理

荧光灯电路如图 2-28 所示。在开关接通的瞬间，线路上的电压全部加在辉光启动器的两端，迫使辉光启动器辉光放电。辉光放电所产生的热量使辉光启动器中的双金属片变形，并与静触片接触，使电路接通，电流流过镇流器与灯丝，灯丝经加热后发射电子，电流方向如图 2-28a 所示。辉光启动器的双金属片与静触片接触后，辉光启动器停止放电，氖泡温度下降，双金属片因温度下降而恢复原来的断开状态，如图 2-28b 所示。

而在辉光启动器断开的瞬间，镇流器两端产生一个自感电动势，这个自感电动势与线路所加的交流电源的电压叠加，形成一个高压脉冲，使荧光灯灯管内的氩气电离放电。

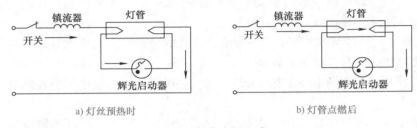

a) 灯丝预热时   b) 灯管点燃后

图 2-28 荧光灯电路

放电后，管内温度升高，从而使管内的汞蒸气压力升高，在电子撞击下开始放电，这样管内就由氩气放电过渡到汞蒸气放电。放电时辐射出的紫外线激励管壁上的荧光粉，发出像日光一样的光线，所以又俗称日光灯。荧光灯管壁上涂不同的荧光粉，就可以得到不同颜色的光线。

3. 荧光灯电路模型

荧光灯电路在正常工作时，若只考虑电路中各元件的主要工作性能且忽略能量损耗，则开关相当于短路线，镇流器相当于电感元件 L，灯管相当于电阻元件 R，正常工作时辉光启动器处于断开状态，是断路。这样，便可以画出荧光灯电路的工作原理图，如图 2-29a 所示。相量表示如图 2-29b 所示。

4. 荧光灯电路功率因数的提高

通过分析荧光灯电路的工作情况，我们得知荧光灯电路是一个感性电路，它的功率因数一般比较低，但可以通过一定的方法提高其整个电路的功率因数。

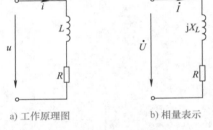

a) 工作原理图   b) 相量表示

图 2-29 荧光灯电路图

（1）提高功率因数的意义

电力系统中的大多数负载是感性负载（如电动机、变压器等），这些负载的功率因数较低，由此引起的后果是：

1）电源设备的容量不能充分利用。电源设备（发电机或变压器）都是根据额定电压 U_e 和额定电流 I_e 设计制造的，其额定容量为 $S_e = U_e I_e$，但它所能发出的有功功率还与所接负载功率因数有关，即 $P = U_e I_e \cos\varphi = S_e \cos\varphi$，负载的功率因数越小，电源设备所发出的有功功率就越小。

2）在线路上引起较大的电压降和功率损失。在一定电压下向负载输送一定有功功率时，负载的 $\cos\varphi$ 越小，线路的电流 $I = \dfrac{P}{U\cos\varphi}$ 就越大，这时线路电阻上的功耗和线路阻抗产生的压降也就越大。这不仅造成电能浪费，还会因负载端电压降低而影响负载正常工作。

因此，提高负载的功率因数，能使发电设备得到合理且充分的利用，提高输电效率和改善供电质量。对于供电企业而言，有利于节省成本。对于家庭而言，可减少用电支出。

（2）提高功率因数的方法

1）提高用电设备自身的功率因数。一般感性负载的用电设备，应尽量避免在轻载或空载状态下运行，因为轻载或空载时的功率因数比满载时小得多（例如异步电动机，空载时 $\cos\varphi = 0.2 \sim 0.3$；满载时 $\cos\varphi = 0.8 \sim 0.85$）。

2）并联补偿。针对电力系统中大多为感性负载的特点，人们采取在负载两端并联电容器的方法来提高功率因数，称为并联补偿。

感性负载并联电容器的电路图和相量图如图 2-30 所示。并联电容器提高功率因数的物理分析过程如下：

在并联电路中，各支路接到同一电压上，所以画相量图时，以电压相量为参考比较方便。RL 串联支路是感性负载支路，其电流 i_1 滞后电压 $u\,\varphi_1$ 角。

φ_1 角的大小为

$$\varphi_1 = \arctan \frac{X_L}{R}$$

i_1 的有效值为

$$I_1 = \frac{U}{\sqrt{R^2 + X_L^2}}$$

并联电容 C 后，由于电源电压不变，所以 i_1 的有效值 I_1 和相位 φ_1 不变，而电容支路的电流 i_2 的有效值 I_2 为

$$I_2 = \frac{U}{X_C} = \omega CU$$

i_2 超前 u 90°角，根据基尔霍夫电流定律有

$$\dot{I} = \dot{I}_1 + \dot{I}_2$$

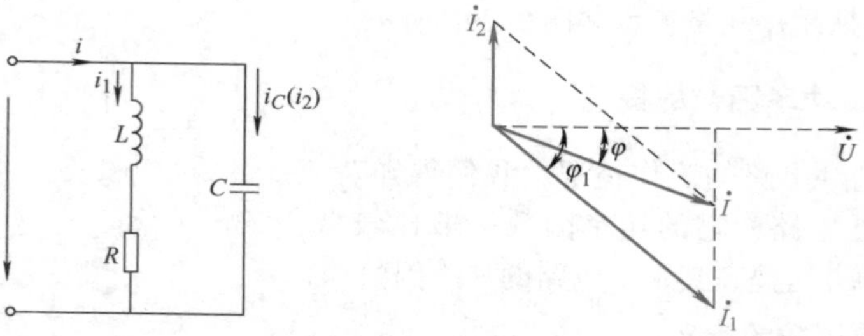

a) 电路图　　　　　　　b) 相量图

图 2-30　并联补偿的电路图和相量图

应用平行四边形法则求上式的相量和，即得图 2-30b。从图中可以看出，并联电容 C 后，虽然负载的功率因数 $\cos\varphi_1$ 没有变化（原因是 RL 支路的 R、L 值不变），但对电源来说（即对整个系统来说），功率因数提高了，由 $\cos\varphi_1$ 提高 $\cos\varphi$（由相量图可知 $\varphi < \varphi_1$）。

这里，φ 角也有三种不同的情况：

① $\varphi > 0$，即 u 超前 $i\,\varphi$ 角，电路呈感性。电感线圈所需要的无功功率被电容器补偿了一部分，不足部分仍由电源供给，这种情况叫欠补偿。

② $\varphi < 0$，即 u 滞后 $i\,\varphi$ 角，电路呈容性。电感线圈所需要的无功功率不仅完全由电容供给，而且电容和电源之间还有能量交换，这种情况叫过补偿，实际工作中比较少见。

③ $\varphi = 0$，即 u 与 i 同相，电路呈阻性。电感线圈所需要的无功功率完全由电容供给，它们和电源间没有能量转换，这种情况叫完全补偿。在电力系统中，由于并联电容器的价格以及运行的安全问题，不追求到这种情况，一般 $\cos\varphi = 0.95$ 左右就可以了。但在无线电技术中，这种补偿（又叫并联谐振）却广为应用。

显然，把整个系统的功率因数由 $\cos\varphi_1$ 提高 $\cos\varphi$，完全取决于电容支路电流的大小，即 I_2 的大小，或者说感性负载提高功率因数，完全取决于电容的数值。数学推导可以证明

$$C = \frac{P}{\omega U^2}(\tan\varphi_1 - \tan\varphi) \tag{2-42}$$

式中，P 为补偿电路的有功功率（W）；U 为补偿电路的两端电压（V）；C 为补偿电容的电容量（F）。

例 2-14 已知某感性负载的额定功率 $P = 100\text{kW}$，其功率因数 $\cos\varphi_1 = 0.6$，工频电源额定电压 $U = 220\text{V}$，如果要把功率因数提高到 0.9，需要并联多大的电容？

解： 因为 $\cos\varphi_1 = 0.6$，$\cos\varphi = 0.9$

所以 $\varphi_1 = 53.1°$，$\varphi = 25.8°$

工频下 $\omega = 314\text{rad/s}$，将已知数据代入式(2-42) 得

$$C = \frac{100 \times 10^3}{314 \times 220^2}(\tan 53.1° - \tan 25.8°)\text{F} = 5.586 \times 10^{-3}\text{F} = 5586\mu\text{F}$$

2.3 三相交流电路

【学习目标】

1）了解三相交流电动势的产生、相序的概念，知道相序的重要性。

2）掌握三相交流电源的连接方式以及线电压与相电压之间的关系，并能进行简单计算。

3）掌握三相负载的连接方式以及线电流与相电流的关系，并能进行简单计算。

4）理解三相负载星形联结时中性线的作用。

5）掌握三相电路中有功功率、无功功率、视在功率的公式，并能进行简单计算。

【知识内容】

三相交流电路是一种工程实用电路，世界各国电力系统（从发电、输电、变电、配电到用电）几乎全部采用三相制。本节重点分析三相电源、三相负载及三相功率的相关知识。

2.3.1 三相电源

当今，电力是现代工业生产的主要能源和动力。没有电力，就没有工业现代化，就没有整个国民经济的现代化。在工业生产的很多场合，采用三相交流电供电来保证生产机械正常工作，从而实现增加产量，提高产品质量。那么，三相电动势是如何产生，三相交流电源又是如何连接的呢？

1. 三相交流电动势的产生

三相发电机主要由电枢（定子）和磁极（转子）组成。三相发电机的原理如图 2-31 所示。图中 UX、VY 和 WZ 分别为三个彼此独立的绕组，每个绕组有 N 匝。三相交流电的产生过程如下：首先给转子通入直流电以产生磁场，然后原动机带动转子转动，使定子绕组切

割磁力线，定子绕组中便产生感应电动势和感应电流。由于发电机三相绕组在位置上彼此相隔120°，匝数相等，因此它们发出的三相电动势的幅值相等、频率相同、相位互差120°。它们的瞬时值表达式为

$$u_U(t) = \sqrt{2}\,U\sin\omega t$$

$$u_V(t) = \sqrt{2}\,U\sin(\omega t - 120°)$$

$$u_W(t) = \sqrt{2}\,U\sin(\omega t + 120°)$$

三个电压的相量如图2-32所示，分别表示为

$$\dot{U}_U = U\angle 0°$$

$$\dot{U}_V = U\angle -120°$$

$$\dot{U}_W = U\angle 120°$$

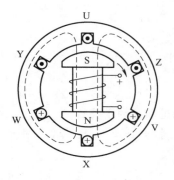

图2-31 三相发电机原理

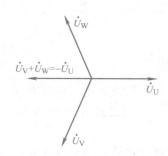

图2-32 相量图

实际应用中，有时人们十分关注应如何正确区分三相交流电的相序问题。所谓相序，就是三相交流电动势到达最大值的先后次序。在图2-33所示的对称三相正弦量波形中，最先到达最大值的是 u_U，其次是 u_V，最后是 u_W，即最大值出现的次序分别是 U—V—W—U，称为正序。若最大值出现的次序为 U—W—V—U，称为逆序。工程上以黄、绿、红三种颜色分别作为 U、V、W 三相的标志。

2. 三相电源的连接

（1）三相电源的星形联结

将对称三相电源各绕组的尾端 X、Y、Z 连在一起引出一根导线，而从绕组的三个首端 U、V、W 引出三根导线与外电路相连，称为三相电源的星形联结，如图2-34所示。连接在一起的节点称为三相电源的中性点，用 N 表示，从中性点引出的导线称为中性线。当中性点接地时，中性线也称零线。三个电源首端 U、V、W 引出的导线称为端线或相线（俗称火线）。U、V、W（有些参考书也用 A、B、C 表示）三相分别用黄、绿、红三色标记；零线用黑色；地线用黄绿双色线。若三相电路中有中性线，则称为三相四线制电路；若无中性线，则称为三相三线制电路。

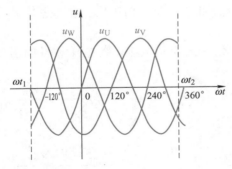

图 2-33　对称三相正弦量的波形

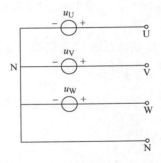

图 2-34　三相电源星形联结

在星形联结电路中，端线与中性线间的电压为相电压，用符号 u_U、u_V、u_W 表示；两端线之间的电压称为线电压，用 u_{UV}、u_{VW}、u_{WU} 表示。因此，在三相四线制电路中，可以按需要提供两组不同的对称三相电压；而三相三线制只能提供一组对称的线电压。根据 KVL 不难求得线电压与相电压的关系，即

$$\dot{U}_{UV} = \dot{U}_U - \dot{U}_V = \dot{U}_U - \dot{U}_U \angle -120°$$
$$= \dot{U}_U \left[1 - \left(-\frac{1}{2} - j\frac{\sqrt{3}}{2} \right) \right] = \dot{U}_U \left(\frac{3}{2} + j\frac{\sqrt{3}}{2} \right) = \sqrt{3}\ \dot{U}_U \angle 30° \tag{2-43}$$

同理可得

$$\dot{U}_{VW} = \sqrt{3}\ \dot{U}_V \angle 30° \tag{2-44}$$

$$\dot{U}_{VU} = \sqrt{3}\ \dot{U}_W \angle 30° \tag{2-45}$$

即：线电压的大小是相电压大小的 $\sqrt{3}$ 倍，而线电压的相位超前相对应的相电压的相位 30°。

在对称三相电路中，三个线电压之间的关系是

$$\dot{U}_{UV} + \dot{U}_{VW} + \dot{U}_{WU} = \dot{U}_U - \dot{U}_V + \dot{U}_V - \dot{U}_W + \dot{U}_W - \dot{U}_U = 0$$
$$u_{UV} + u_{VW} + u_{WU} = u_U - u_V + u_V - u_W + u_W - u_U = 0$$

即三个线电压的相量和总等于零；或三个线电压瞬时值的代数和恒等于零。

（2）三相电源的三角形联结

如果将三相发电机的三个绕组依次首（始端）尾（末端）相连，接成一个闭合回路，则可构成三角形联结（如图 2-35 所示）。由三个连接点引出的三根导线即为三根端线。

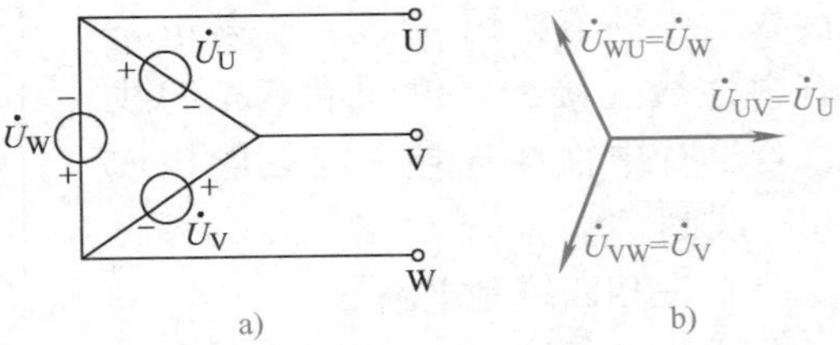

当三相电源作三角形联结时，只能是三相三线制，而且线电压就等于相电压，即

$$\dot{U}_{UV} = \dot{U}_U, \quad \dot{U}_{VW} = \dot{U}_V, \quad \dot{U}_{WU} = \dot{U}_W$$

图 2-35　三相电源三角形联结

由对称的概念可知，在任何时刻，三相电压之和等于零。即便是三个绕组接成闭合回路，只要连接正确，在电源内部并没有回路电流。但是，如果某一相的始端与末端接反，则会在回路中引起电流。

例2-15　三相发电机采用三角形联结供电。如果误将 U 相接反，会产生什么后果？如何使连接正确？

解： U 相接反时的电路如图 2-36a 所示，Z_{sp} 为发电机内阻，各电压相量如图 2-36b 所示。此时回路中的电流为

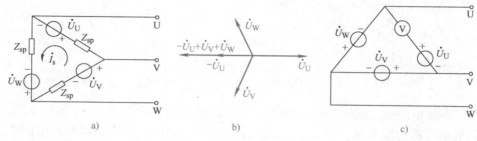

图 2-36　例 2-15 图

$$\dot{I}_s = \frac{-\dot{U}_U + \dot{U}_V + \dot{U}_W}{3Z_{sp}} = \frac{-2\dot{U}_U}{3Z_{sp}}$$

为了连接正确，可以按图 2-36c 将一电压表串接在三个绕组的闭合电路中，若给电时电压为零，说明连接正确。这时即可撤去电压表，再将回路闭合。

2.3.2　三相负载

平时所见到的用电器统称为负载。负载按对电源的要求又分为单相负载和三相负载。单相负载是指只需要单相电源供电的设备，如照明灯、电炉、电视机及电冰箱等。三相负载是指需要三相电源供电的负载，如三相异步电动机等。在三相负载中，如果每相负载的电阻、电抗数值相等，且性质也相同，这样的负载叫作三相对称负载。

1. 三相负载的星形联结

三相负载的星形联结，就是把三个负载的任一端连接到同一个公共端点，而三个负载的另一端分别与电源的三个端线相连。负载的公共端点称为负载的中性点，用 N′ 表示。若电路中有中性线连接，可以构成三相四线制；若没有中性线连接，则只能构成三相三线制。

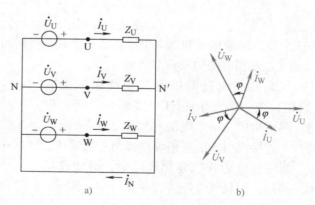

图 2-37　三相负载的星形联结

（1）三相四线制电路

在图 2-37 所示的三相四线制电路中，若中性线的阻抗远小于负载的阻抗，则中性线连接的两中性点的电压为零。不计线路阻抗，根据 KVL 可得，各相负载的电压等于该相电源的电压。在三相电路中，通过端线的电流叫线电流（其方向为电源端指向负载端），通过每相负载的电流叫相电

流，中性线上通过的电流叫中性线电流（其方向为负载端指向电源端）。从图 2-37 中可以看出，星形联结的负载，其线电流等于相电流。如果知道每相负载的复阻抗和负载两端的电压，则可以按单相交流电路求得相电流，即

$$\dot{I}_U = \frac{\dot{U}_U}{Z_U}, \quad \dot{I}_V = \frac{\dot{U}_V}{Z_V}, \quad \dot{I}_W = \frac{\dot{U}_W}{Z_W}$$

中性线电流则为
$$\dot{I}_N = \dot{I}_U + \dot{I}_V + \dot{I}_W$$

由于三相电源电压对称，若三相负载对称（$Z_U = Z_V = Z_W = Z$），则

$$\dot{I}_U = \frac{\dot{U}_U}{Z}$$

$$\dot{I}_V = \frac{\dot{U}_V}{Z} = \frac{\dot{U}_U \angle -120°}{Z} = \dot{I}_U \angle -120°$$

$$\dot{I}_W = \frac{\dot{U}_W}{Z} = \frac{\dot{U}_U \angle 120°}{Z} = \dot{I}_U \angle 120°$$

此时，中性线电流

$$\dot{I}_N = \dot{I}_U + \dot{I}_V + \dot{I}_W = \dot{I}_U + \dot{I}_U \angle -120° + \dot{I}_U \angle 120° = 0 \tag{2-46}$$

（2）三相三线制电路

在对称系统中，由于中性线电流为零，故可除去中性线，而成为三相三线制电路。常用的三相电动机、三相电炉等负载，在正常情况下都是对称的，都可用三相三线制供电，三相三线制只能用于对称负载，如图 2-38 所示。

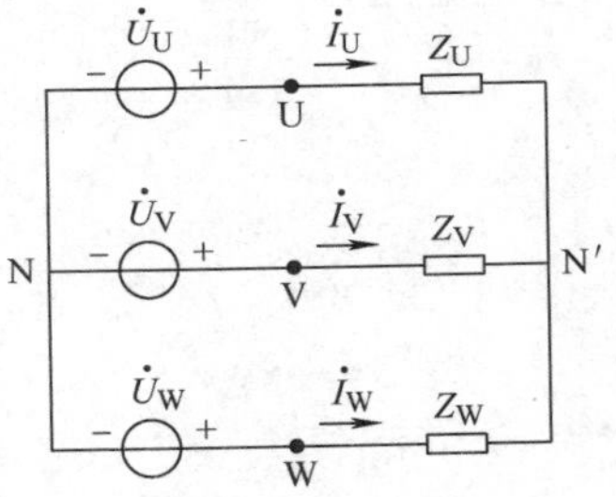

根据弥尔曼定理可得中性点电压为

$$\dot{U}_{N'N} = \frac{\dfrac{\dot{U}_U}{Z_U} + \dfrac{\dot{U}_V}{Z_V} + \dfrac{\dot{U}_W}{Z_W}}{\dfrac{1}{Z_U} + \dfrac{1}{Z_V} + \dfrac{1}{Z_W}}$$

图 2-38 三相三线制电路

若负载对称，即

$$Z_U = Z_V = Z_W = Z = |Z| \angle \varphi$$

则
$$\dot{U}_{N'N} = \frac{\dfrac{\dot{U}_U}{Z_U} + \dfrac{\dot{U}_V}{Z_V} + \dfrac{\dot{U}_W}{Z_W}}{\dfrac{1}{Z_U} + \dfrac{1}{Z_V} + \dfrac{1}{Z_W}} = \frac{\dfrac{1}{Z}(\dot{U}_U + \dot{U}_V + \dot{U}_W)}{\dfrac{3}{Z}} = 0 \tag{2-47}$$

可见，负载对称时，中性点的电压为零，即负载中性点与电源中性点等电位，与三相四线制的情况相同。因而，各相电流也是对称的，即负载端相电流大小相等、相位依次相差120°。

若负载不对称，则中性点电压不等于零，即

$$\dot{U}_{N'N} = \frac{\dfrac{\dot{U}_{U}}{Z_{U}} + \dfrac{\dot{U}_{V}}{Z_{V}} + \dfrac{\dot{U}_{W}}{Z_{W}}}{\dfrac{1}{Z_{U}} + \dfrac{1}{Z_{V}} + \dfrac{1}{Z_{W}}} \neq 0 \tag{2-48}$$

这种情况我们将在后面的内容中讨论。

三相电路中性线的作用：负载不对称而又没有接中性线时，负载的相电压就不对称，势必引起有的负载相电压过高，高于本身的额定电压；而有的负载相电压过低，低于自己的额定电压，这都是不容许的。所以，星形联结遇到负载不对称时，必须接中性线，其目的在于可使相电压对称；另外，三相电路如遇到某相短路，接中性线可保证另外两相还能正常供电。因此，为保证电路正常工作，中性线（指干线）内不能接入熔断器或刀开关，并应定期进行检查与维修。

2. 三相负载的三角形联结

三相负载首尾相连，其连接点与三相电源相线相接，构成三相三线制电路，如图 2-39 所示。不计线路阻抗时，电源的线电压直接加于各相负载，负载的相电压等于电源的线电压。由于电源的线电压总是对称的，所以，无论负载本身是否对称，负载的相电压总是对称的。此时，各相负载的相电流分别为

$$\dot{I}_{UV} = \frac{\dot{U}_{UV}}{Z_{UV}}, \quad \dot{I}_{VW} = \frac{\dot{U}_{VW}}{Z_{VW}}, \quad \dot{I}_{WU} = \frac{\dot{U}_{WU}}{Z_{WU}}$$

各线电流为

$$\dot{I}_{U} = \dot{I}_{UV} - \dot{I}_{WU}$$

$$\dot{I}_{V} = \dot{I}_{VW} - \dot{I}_{UV}$$

$$\dot{I}_{W} = \dot{I}_{WU} - \dot{I}_{VW}$$

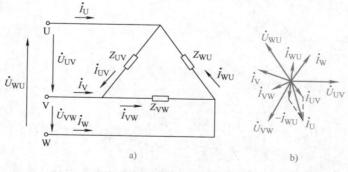

图 2-39　负载的三角形联结

如果负载对称，即

$$Z_{UV} = Z_{VW} = Z_{WU} = Z$$

则各相电流

$$\dot{I}_{UV} = \frac{\dot{U}_{UV}}{Z_{UV}} = \frac{\dot{U}_{UV}}{Z}$$

$$\dot{I}_{VW} = \frac{\dot{U}_{VW}}{Z_{VW}} = \frac{\dot{U}_{VW}}{Z} = \frac{\dot{U}_{UV}\angle -120°}{Z} = \dot{I}_{UV}\angle -120°$$

$$\dot{I}_{WU} = \frac{\dot{U}_{WU}}{Z_{WU}} = \frac{\dot{U}_{WU}}{Z} = \frac{\dot{U}_{UV}\angle 120°}{Z} = \dot{I}_{UV}\angle 120° \tag{2-49}$$

线电流与相电流关系为 $\dot{I}_U = \dot{I}_{UV} - \dot{I}_{WU} = \dot{I}_{UV} - \dot{I}_{UV}\angle 120° = \sqrt{3}\,\dot{I}_{UV}\angle -30°$。

故线电流有效值为相电流的 $\sqrt{3}$ 倍，线电流相位滞后于相对应的相电流相位 $30°$。

2.3.3 三相电路的功率

无论负载是星形联结还是三角形联结，三相负载总的功率就是各相功率的总和。在单相功率计算的基础上，考虑到三相电路的特点，可得出三相电路的功率计算公式，包括有功功率、无功功率、视在功率和瞬时功率。其中，三相负载有功功率等于各相负载有功功率之和；三相负载无功功率等于各相负载无功功率之和。

1. 三相负载的有功功率

三相负载的总有功功率为

$$P = P_U + P_V + P_W = U_{Up}I_{Up}\cos\varphi_U + U_{Vp}I_{Vp}\cos\varphi_V + U_{Wp}I_{Wp}\cos\varphi_W \tag{2-50}$$

式中，U_{Up}、U_{Vp}、U_{Wp} 为三相相电压；I_{Up}、I_{Vp}、I_{Wp} 为三相相电流；$\cos\varphi_U$、$\cos\varphi_V$、$\cos\varphi_W$ 为三相负载功率因数。

若三相负载对称，三相相电压、三相相电流分别对称且有效值相等，即 $U_{Up} = U_{Vp} = U_{Wp} = U_p$，$I_{Up} = I_{Vp} = I_{Wp} = I_p$，三相负载的复阻抗、功率因数也相等，即 $\varphi_U = \varphi_V = \varphi_W = \varphi_p$，则三相总有功功率为

$$P = P_U + P_V + P_W = 3U_pI_p\cos\varphi_p \tag{2-51}$$

当负载为星形联结时

$$U_p = \frac{U_1}{\sqrt{3}}, \quad I_p = I_1 \tag{2-52}$$

$$P = \sqrt{3}\,U_1I_1\cos\varphi_p \tag{2-53}$$

当负载为三角形联结时

$$U_p = U_1, \quad I_p = \frac{I_1}{\sqrt{3}} \tag{2-54}$$

$$P = P_U + P_V + P_W = \sqrt{3}\,U_1I_1\cos\varphi_p = 3I_p^2R_p \tag{2-55}$$

即无论星形联结还是三角形联结，式(2-53) 都成立。

2. 三相负载的无功功率

类似地，若三相负载对称，三相相电压、三相相电流分别对称且有效值相等，三相负载的复阻抗、功率因数也相等，则无论三相负载为星形联结还是三角形联结，三相总无功功率为

$$Q = Q_U + Q_V + Q_W = \sqrt{3}\,U_1I_1\sin\varphi_p \tag{2-56}$$

3. 三相负载的视在功率

三相负载的视在功率定为

$$S = \sqrt{P^2 + Q^2}$$

4. 三相负载的功率因数

三相负载的功率因数为
$$\lambda = \frac{P}{S}$$

若负载对称，则
$$\lambda = \frac{\sqrt{3}\, U_1 I_1 \cos\varphi_{\mathrm{p}}}{\sqrt{3}\, U_1 I_1} = \cos\varphi_{\mathrm{p}} \tag{2-57}$$

即：负载对称时三相负载的功率因数与每相负载的功率因数相等。

2.4　安全用电

【学习目标】

1）了解触电的种类和方式，知道触电的危害，能分析触电的常见原因。
2）掌握安全用电方面的知识，能够采取正确的保护措施防止人体触电。
3）理解保护接地和保护接零的原理。

【知识内容】

2.4.1　触电对人体的伤害

触电是指电流以人体为通路，使身体一部分或全身受到电的刺激或伤害。触电可分为电击和电伤两种。

电击是指电流使人体内部器官受到损害。人触电时肌肉发生收缩，如果触电者不能迅速摆脱带电体，电流将持续通过人体，最后因神经系统受到损害，使心脏和呼吸器官停止工作而死亡。所以电击危险性最大，而且也是经常遇到的一种伤害。

电伤是指因电弧或熔丝熔断时，飞溅的金属等对人体的外部伤害，如烧伤、金属沫溅伤等。电伤的危害虽不像电击那样严重，但也不容忽视。

2.4.2　安全电流和安全电压

触电对人体的伤害程度取决于通过人体电流的大小。而通过人体电流的大小又与人的电阻和人所触及的电压有关。

1. 安全电流

安全电流，就是人体触电后的最大摆脱电流。对于安全电流值，各国规定并不完全一致。我国一般采用 30mA（50Hz）为安全电流值，但其触电时间按不超过 1s 计，因此安全电流值也称为 30mA·s。但在一般观察中，人体通过 1mA 的工频电流时就有不舒服的感觉，通过 50mA 就有生命危险，而达到 100mA 时就足以使人死亡。

2. 安全电压

安全电压，就是不使人直接致死或致残的电压。
安全电压值是与使用的环境条件有关的。在一般正常环境条件下，人体电阻是个变数，与皮肤是否潮湿或有无污垢有关，一般从 800Ω 到几万欧不等。如果人体电阻按 800Ω 计算，通过人体电流以不超过 50mA 为限，则安全电压为 40V。所以，在一般情况下，规定 36V 以下为安全电压，对潮湿的地面或井下安全电压的规定就更低，如 24V、12V。

2.4.3　按规定采用安全用具

安全用具主要是辅助承受电气设备安全电压的绝缘器材。使用时可对人身安全有进一步的保障，例如绝缘手套、绝缘靴、绝缘地毯、绝缘垫台及低压验电笔等。通常绝缘垫台会在实验室或实训基地使用。而低压验电笔是检验导线或电气设备是否带电的一种检验工具。

2.4.4　触电的原因和方式

1. 触电的原因

1）没有遵守操作规程，人体直接与带电部分接触。
2）缺乏用电常识，触及带电的导线。
3）由于用电设备管理不当，使绝缘损坏，发生漏电，人体碰触漏电设备外壳。
4）高压线路落地，造成跨步电压，引起对人体的伤害。
5）检修中，安全组织措施和安全技术措施不完善，接线错误，造成触电事故。
6）其他偶然因素，如人体受雷击等。

2. 触电方式

（1）单相触电

单相触电是指人体站在地面上，人体某一部位触及一相带电导体的触电事故，如图 2-40 所示。大部分触电事故都是单相触电。这时人体承受 220V 的相电压，这是十分危险的。

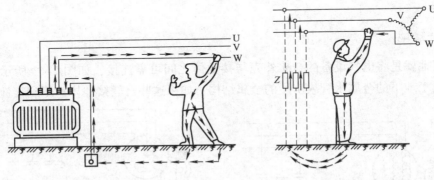

a) 中性点接地系统的单相触电　　　b) 中性点不接地系统的单相触电

图 2-40　单相触电

（2）两相触电

两相触电是指人体同时触及两根相线，如图 2-41 所示。这时加在人体的电压是 380V 的线电压，其触电后果更为严重。

（3）跨步电压触电

跨步电压触电是指当一根电线落在地上时，以此电线的落地点为圆心，20m 半径以内地面有许多同心圆，这些圆周上的电压是各不相同的（即电位差）。离圆心越近电压越高，越远则越低。当人走进 10m 半径以内，双脚迈开时（约 0.8m），势必出现电位差，这就叫跨步电压。电流从电位高的一脚进入，由电压低的一脚流出，通过人体使人触电，如图 2-42 所示。

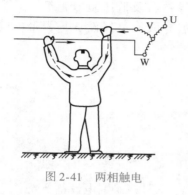

图 2-41　两相触电

图 2-42　跨步电压触电

（4）雷击触电

雷雨云对地面突出物产生放电，它是一种特殊的触电方式。雷击感应电压高达几十～几百万伏，其能量可把建筑物摧毁，使可燃物燃烧，把电力线、用电设备击穿、烧毁，造成人身伤亡，危害性极大。目前，一般通过避雷设施将强大的电流引入地下，避免雷电危害。

2.4.5　保护措施

为了保证电气设备安全运行，防止人身触电事故发生，电气设备常采取保护接地和保护接零的措施。

1. 保护接地

保护接地就是将电气设备的金属外壳与接地体之间可靠连接，如图 2-43 所示。接地体可利用敷设于地下的金属水管或房屋的金属结构，如果这些自然接地体达不到接地电阻小于

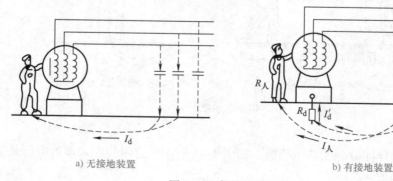

a) 无接地装置　　　　　　　　　　　b) 有接地装置

图 2-43　保护接地的作用

4Ω 的要求，还可采用人工接地体：将长 2～3m、直径 35～50mm 的钢管垂直打入地下，然后与埋在地下的钢条相连。电气设备采用保护接地以后，因为某种原因造成绝缘损坏使外壳带电，在人体碰及时，由于人体电阻远远大于接地电阻，所以几乎没有电流通过人体，从而保证了人体的安全。

2. 保护接零

保护接零就是电气设备的金属外壳与零线可靠连接，如图 2-44 所示。

电气设备采用保护接零以后，如果电气设备内部一相绝缘损坏而碰壳（指接触设备的外壳金属部分带电）时，则该相短路，引起很大的短路电流，将使电路中的保护电器动作或使熔丝烧断而切断电源，从而消除了触电危险。可见，保护接零的保护作用比保护接地更为完善。现在市场销售的单相电器的插头有三根引线，与三芯插头连接。这是因为电器的金属外壳已用导线连接于三芯插头的粗角上。这样，电器外壳就通过插座与电源的中性线连接，达到保护接零的目的。

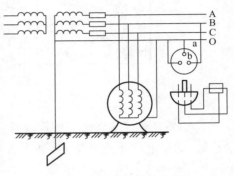

图 2-44　保护接零的作用

用电的安全措施还有使用安全电压和保护用具，以及定期检查电气设备的绝缘老化程度、有无漏电状况、有无裸露部分、设备安装有无违规等情况，这里不再具体叙述。

2.4.6　安全用电注意事项

1）电气设计、安装和检查必须遵照有关规范进行。检查电气设备或更换熔丝时，要先切断电源，并在电源开关处挂上"严禁合闸"的警告牌；在没有采取足够安全措施的情况下，严禁带电作业。

2）使用各种电气设备时，应采取相应的安全措施。

3）电热设备应远离易燃物，用完即断开电源。

4）判断电线或用电设备是否带电，必须用验电器检查判断（如 250V 以下可用测电笔），不允许用手去摸试。

5）电灯开关接在相线上，用螺旋式灯头时不可把相线接在螺旋套相连的接线柱上。

6）电线或电气设备着火时，应迅速切断电源，在带电状态下，只能用黄沙、二氧化碳灭火器和 1211 灭火器进行灭火。

7）发现有人触电时，应首先使触电者脱离电源，然后进行现场抢救。

2.4.7　触电的紧急救护

紧急救护的基本原则是在现场采取积极措施，保护伤员的生命，减轻伤情，减少痛苦，并根据伤情需要，迅速与医疗急救中心（医疗部门）联系救治。急救成功的关键是动作快，操作正确。任何拖延和操作错误都会导致伤员伤情加重或死亡。

1. 使触电人迅速脱离电源

发现有人触电时，不要惊慌失措，应该在保护自己不被触电的情况下，使触电人迅速脱离电源，越快越好。因为电流作用的时间越长，伤害越重。根据现场情况，使触电人迅速脱离电源，如图 2-45 所示。

图 2-45 使触电者迅速脱离电源

1）如果开关（或插座）就在附近，应迅速拉开开关（或拔掉插头），把电源切断，但应注意，如果电灯开关误接在零线上，开关虽然拉开了，导线仍然带电，不能认为已切断电源。为了使触电人确实脱离电源，还必须迅速用干燥木棍把电线挑开。

2）如果开关离触电地点很远或一时找不到开关，导线已落在触电人身上，此时应迅速用干燥的木棍、竹竿、扁担等把电线挑开，如果身边有电工钳（带绝缘手柄的），应迅速用电工钳剪断电源线；如果触电人把电线攥得很紧或者触电人被电线缠住，应立即用干燥的木把斧子、镐头或铁锹等砍断电源线。但挑电线或砍电线时，应注意防止电线弹到他人或自己身上。在黑天或风雨天，尤其应注意安全。

3）如果有人在高空作业触电或在高压电气设备上触电，同样应迅速拉开高压开关或用更干燥更长的木杆使触电人脱离电源。抢救高空作业触电人时，应做好防护工作，防止触电人脱离电源后从高空摔下来，加重伤势。

2. 现场就地急救

触电者脱离电源以后，现场救护人员应迅速对触电者的伤情进行判断，对症抢救。同时设法联系医疗急救中心（医疗部门）的医生到现场接替救治。要根据触电伤员的不同情况，采用不同的急救方法。

1）触电者神志清醒、有意识，心脏跳动，但呼吸急促、面色苍白，或曾一度昏迷、但未失去知觉。此时不能用心肺复苏法抢救，应将触电者抬到空气新鲜、通风良好的地方躺下，安静休息 1~2h，让他慢慢恢复正常。天凉时要注意保温，并随时观察呼吸、脉搏变化。

2）触电者神志不清，判断意识无，有心跳，但呼吸停止或极微弱。此时应立即用仰头抬颏法，使气道开放，并进行口对口人工呼吸，如图 2-46 所示。此时切记不能对触电者施行心脏按压。如此时不及时用人工呼吸法抢救，触电者将会因缺氧过久而引起心跳停止。

3）触电者神志丧失，判断意识无，心跳停止，但有极微弱的呼吸时，应立即施行口对口人工呼吸及心脏挤压法抢救，如图 2-47 所示。不能认为尚有微弱呼吸，就只做胸外按压，

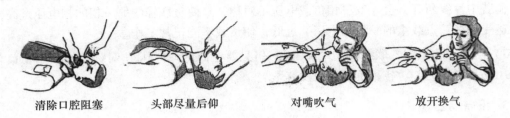

清除口腔阻塞　　　头部尽量后仰　　　对嘴吹气　　　放开换气

图 2-46　人工呼吸

因为这种微弱呼吸已起不到人体需要的氧交换作用，如不及时人工呼吸即会发生死亡，若能立即施行口对口人工呼吸法和胸外按压，就能抢救成功。

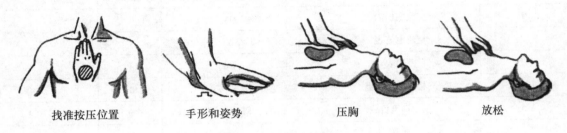

找准按压位置　　　手形和姿势　　　压胸　　　　放松

图 2-47　心脏挤压法

4）触电者心跳、呼吸停止。此时应立即进行心脏挤压法抢救，不得延误或中断。在医务人员未接替救治前，不应放弃现场抢救，更不能只根据没有呼吸或脉搏的表现，擅自判定伤员死亡，放弃抢救。有医务人员接替救护时，应提醒医务人员在触电者转移到医院的过程中不得间断抢救。

2.5　技能训练：三相交流电路的连接与测量

1. 训练目的

1）掌握三相负载星形联结、三角形联结的方法，掌握两种接法下线电压、相电压及线电流、相电流之间的关系。

2）充分理解三相四线供电系统中中性线的作用。

2. 原理说明

1）三相负载可接成星形（又称Y联结）或三角形（又称△联结）。当三相对称负载Y联结时，线电压 U_l 是相电压 U_p 的 $\sqrt{3}$ 倍，线电流 I_l 等于相电流 I_p，即

$$U_l = \sqrt{3}\,U_p \,, \quad I_l = I_p$$

在这种情况下，流过中性线的电流 $I_0 = 0$，所以可以省去中性线。

当对称三相负载△联结时，有 $I_l = \sqrt{3}\,I_p$，$U_l = U_p$。

2）不对称三相负载Y联结时，应采用三相四线制接法。而且中性线必须牢固连接，以保证三相不对称负载的每相电压维持对称不变。

倘若中性线断开，会导致三相负载电压不对称，致使负载轻的那一相的相电压过高，使负载遭受损坏；负载重的一相相电压又过低，使负载不能正常工作。

3）当不对称负载△联结时，$I_1 \neq \sqrt{3} I_p$，但只要电源的线电压 U_1 对称，加在三相负载上的电压仍是对称的，对各相负载工作没有影响。

3. 设备与器件

设备与器件见表 2-1。

表 2-1　设备与器件

序号	名　　称	型号与规格	数量	备注
1	交流电压表	0～500V	1	
2	交流电流表	0～5A	1	
3	万用表		1	
4	三相自耦调压器		1	
5	三相灯组负载	220V，15W 白炽灯	9	KMDG－04
6	插座		3	

4. 训练内容

（1）三相负载星形联结（三相四线制供电）

按图 2-48a 连接测试电路，即三相灯组负载经三相自耦调压器接通三相对称电源。将三相调压器的旋柄置于输出为 0V 的位置（即逆时针旋到底）。经指导教师检查合格后，方可开启实训台电源，然后调节调压器的输出，使输出的三相线电压为 220V，分别测量不同工况下三相负载的线电压、相电压、线电流、相电流、中性线电流、电源与负载中性点间的电压。将所测得的数据记入表 2-2 中，并观察各相灯组亮暗的变化程度，特别要注意观察中性线的作用。

表 2-2　测量数据

负载情况	开灯盏数			线电流/A			线电压/V			相电压/V			中性线电流 I_0/A	中性点电压 U_{N0}/V
	A 相	B 相	C 相	I_A	I_B	I_C	U_{AB}	U_{BC}	U_{CA}	U_{A0}	U_{B0}	U_{C0}		
有中性线，平衡负载	3	3	3											
无中性线，平衡负载	3	3	3											
有中性线，不平衡负载	1	2	3											
无中性线，不平衡负载	1	2	3											
有中性线，B 相断开	1		3											
无中性线，B 相断开	1		3											
无中性线，B 相短路	1		3											

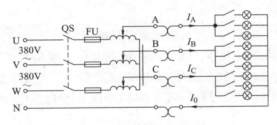

a) 三相负载星形联结测试电路

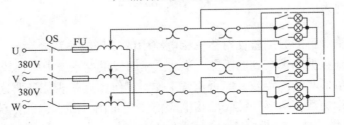

b) 三相负载三角形联结测试电路

图 2-48　测试电路

（2）三相负载三角形联结（三相三线制供电）

按图 2-48b 改接电路，经指导教师检查合格后接通三相电源，并调节调压器，使其输出线电压为 220V，并按表 2-3 的内容进行测量。

表 2-3　测量数据

负载情况	开灯盏数			线电压 = 相电压/V			线电流/A			相电流/A		
	A - B 相	B - C 相	C - A 相	U_{AB}	U_{BC}	U_{CA}	I_A	I_B	I_C	I_{AB}	I_{BC}	I_{CA}
对称三相负载	3	3	3									
不对称三相负载	1	2	3									

5. 训练注意事项

1）本训练采用三相交流市电，线电压为 380V，应穿绝缘鞋进实训室。实践训练时要注意人身安全，不可触及导电部件，防止意外事故发生。

2）每次接线完毕，同组同学应自查一遍，然后由指导教师检查后，方可接通电源，必须严格遵守"先断电、再接线、后通电，先断电、后拆线"的操作原则。

3）星形负载短路训练时，必须首先断开中性线，以免发生短路事故。

4）为避免烧坏灯泡，在做丫联结不平衡负载或断相实验时，所加线电压应以最高相电压 < 240V 为宜。

5）在训练实施过程中，需要培养团队协作意识和沟通协调能力。在训练实施结束后，请将元件、导线按照训练实施前的摆置归位，形成良好习惯和职业素养。

6. 思考题

1）三相负载根据什么条件进行星形或三角形联结？

2）复习三相交流电路有关内容，试分析三相不对称负载星形联结在无中性线情况下，当某相负载开路或短路时会出现什么情况。如果接上中性线，情况又如何？

3）本训练实施中为什么要通过三相调压器将 380V 的市电线电压降为 220V 的线电压使用？

7. 技能训练报告

1）用训练实施测得的数据验证对称三相电路中的 $\sqrt{3}$ 倍数关系。

2）用训练实施数据和观察到的现象，总结三相四线供电系统中中性线的作用。

3）不对称三角形联结的负载，能否正常工作？训练实施是否能证明这一点？

4）根据不对称负载三角形联结时的相电流值作相量图，并求出线电流值，然后与训练实施测得的线电流做比较，分析之。

5）心得体会及其他。

习　题　2

1. 已知 $u = 10\sqrt{2}\sin(3140t - 240°)$ V，则 $U_m = $ _____ V，$U = $ _____ V，$\omega = $ _____ rad/s，$f = $ _____ Hz，$T = $ _____ s，$\varphi = $ _____ 。

2. 用电流表测得一正弦交流电路的电流为 8A，其最大值为 _____ A。

3. 在正弦交流电中完成一次周期性变化所用的时间叫 _____ 。

4. 正弦交流电 1s 内变化的次数叫作正弦交流电的 _____ 。

5. 周期、频率和角频率三者间的关系是 _____ 。

6. 描述正弦量的三要素是 _____ 。

7. 电容器的容抗与自身电容量之间是 _____ （正比或反比）关系，与信号频率之间是 _____ （正比或反比）关系。

8. 线圈的感抗与自身电感值之间是 _____ （正比或反比）关系，与信号频率之间是 _____ （正比或反比）关系。

9. 电阻元件的功率因数为 _____ ；感性负载电路中，功率因数介于 _____ 与 _____ 之间。

10. 三相交流电相序正序为 _____ 。

11. 三相电源的连接方式有 _____ 与 _____ 两种，常采用 _____ 方式供电。

12. 根据电流对人体的伤害程度，触电可分为 _____ 与 _____ 两种。

13. 电气设备常采用 _____ 与 _____ 两种安全措施。

14. 已知某电路电流的瞬时表达式为 $i = 14.14\sin(314t + 30°)$ A，问：（1）该电流的最大值、有效值是多少？（2）周期、频率各为多少？（3）初相角是多少？（4）时间 $t = 0$ 和 $t = 0.1$s 时的电流是多少？（5）画出其波形图。

15. 已知正弦量：$u_1 = 20\sin(314t + 45°)\,\text{V}$，$u_2 = 40\sin(314t - 90°)\,\text{V}$，则它们的相位和初相角分别是多少？求出它们的相位差，说出它们的相位关系。

16. 三个工频正弦量 i_1、i_2 和 i_3 的最大值分别为 1A、2A 和 3A，若 i_3 的初相角为 60°，i_1 较 i_2 超前 30°，较 i_3 滞后 150°，试分别写出三个电流的解析式。

17. 把下列复数化成极坐标形式。

(1) $3 - j4$　　(2) $100 + j100$　　(3) $-7.5 + j5.5$　　(4) $-68 - j45$

18. 把下列复数形式化为代数形式。

(1) $26\angle 80°$　　(2) $50\angle -35°$　　(3) $12\angle -126°$　　(4) $101\angle 53°$

19. 求以下各正弦量的相量式。

(1) $i = 14.14\sin(\omega t + 47°)\,\text{A}$　　(2) $i = 3.8\sin\omega t\,\text{A}$

(3) $i = 3.8\sin(\omega t - 180°)\,\text{A}$　　(4) $i = 3.8\sin(\omega t + 247°)\,\text{A}$

(5) $i = 3.8\sin(\omega t - 196°)\,\text{A}$　　(6) $i = 3.8\sin(\omega t + 90°)\,\text{A}$

20. 求以下各相量的正弦量，并画出相量图（工频）。

(1) $\dot{U} = (30 - j40)\,\text{V}$　　(2) $\dot{I} = 7.3\angle 66°\,\text{A}$　　(3) $\dot{U} = 50e^{j\frac{\pi}{6}}\,\text{V}$

(4) $\dot{U} = 220\angle -150°\,\text{V}$　　(5) $\dot{I} = 5\text{A}$　　(6) $\dot{U} = 100\angle 37°\,\text{V}$

21. 两个同频率的正弦电压 u_1 和 u_2 的有效值分别为 30V 和 40V，试问

(1) 什么情况下，$u_1 + u_2$ 的有效值为 70V？

(2) 什么情况下，$u_1 + u_2$ 的有效值为 50V？

(3) 什么情况下，$u_1 + u_2$ 的有效值为 10V？

22. 两个电动势的表达式分别为：$e_1 = 110\sin 314t\,\text{V}$，$e_2 = 110\sin(314t + 120°)\,\text{V}$。试用相量法求出和 $(e_1 + e_2)$ 与差 $(e_1 - e_2)$ 的瞬时值解析式。

23. 一个 220V、60W 的灯泡接在 $u = 220\sqrt{2}\sin(314t + 30°)\,\text{V}$ 的电源上，求流过灯泡的电流，写出电流的解析式并画出电压、电流的相量图。

24. 为什么常把电感线圈称为"低通"元件（即低频电流容易通过），而把电容器称为"高通"元件？

25. 一线圈在工频电压作用下，感抗为 47.1Ω，试求其电感；当通过此线圈的电流频率为 100Hz 与 10^{-6}Hz 时，它的感抗各为多少？

26. 一个可以忽略电阻的线圈，电感 $L = 414$mH，接在 $u = 278.5\sin(314t + 90°)\,\text{V}$ 的电源上，试求线圈上的电压、电流及线圈的无功功率。

27. 一只耐压为 400V、容量为 220 μF 的电容，接在 $u = 220\sqrt{2}\sin(314t + 60°)\,\text{V}$ 的电源上，通过的电流是多少？写出电流的瞬时表达式。

28. 在图 2-49a 所示的交流电路中，已知 $R = X_L = X_C$，试比较各电流表的读数。

29. 具有电感 $L = 160$mH 和电阻 $R = 25Ω$ 的线圈与电容 $C = 127$ μF 串联后，接到电压 $u = 180\sin 314t\,\text{V}$ 的电源上。求（1）电路中的电流；（2）有功功率和无功功率；（3）画出相量图。

30. 三个同样的白炽灯，分别与电阻、电感及电容器串联后接在交流电源上，如图 2-49b 所示。如果 $R = X_L = X_C$，试问灯的亮度是否一样？为什么？假如将它们改接在直流电源上，灯的亮度各有什么变化？

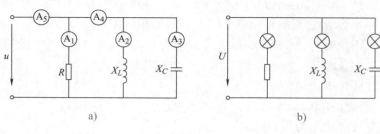

图 2-49

31. 为了测量一荧光灯电路灯管的等效电阻值和镇流器的等效电感值，用频率为 f_1 和 f_2 的两个正弦电源做实验，测得数据为：$f_1 = 50Hz$ 时，线圈两端电压为 60V，电流为 10A；$f_2 = 100Hz$ 时，线圈两端电压为 60V，电流为 6A。试根据所得数据求所需确定的值各等于多少？

32. 荧光灯电路中荧光灯的等效电阻为 300Ω，镇流器的等效感抗为 446Ω，已知电源电压表达式可写成 $u = 220\sqrt{2}\sin100\pi t$ V，为了提高荧光灯电路的功率因数，在荧光灯电路上并联一个 $C = 4.75\mu F$ 的电容，求并联电容后整个电路的功率因数 $\cos\varphi$。

33. 试判断图 2-50 中的三种三相电路是星形联结还是三角形联结？是几相几线制？

34. 三相对称电源接成三相四线制时，能够输出几种电压？它们有何关系？

35. 图 2-51 中，设三相负载是对称的，已知接在电路中的电流表 A_1 的读数是 15A。问电流表 A_2 的读数是多少？

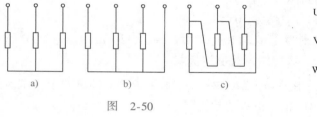

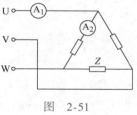

图 2-50

图 2-51

36. 图 2-52 中，设三相负载是对称的，已知接在电路中的电压表 V_2 的读数是 660V。问电压表 V_1 的读数是多少？

37. 现有三只白炽灯，其额定功率相同，其额定电压均为 220V，如图 2-53 所示，接在线电压为 380V 的三相四线制电源上。将接在 U 相的开关 S 闭合与断开时，对 V、W 两相的白炽灯亮度有无影响？如果不接中性线，影响又将如何？为什么？

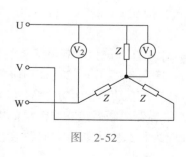

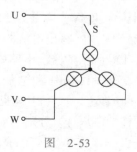

图 2-52

图 2-53

38. 试述负载星形联结三相四线制电路和三相三线制电路的异同。

39. 根据负载需要将图2-54所示的各相负载分别接成星形联结或三角形联结，已知电源的线电压为380V，相电压为220V，每台电动机的额定电压为380V，灯的额定电压为220V。

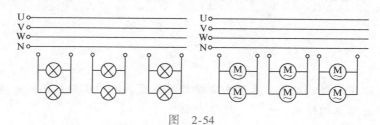

图 2-54

第3章 电机与变压器

【知识点】

本章主要介绍变压器的结构、原理和变换作用；直流电动机的结构、原理、励磁方式和特性；三相异步电动机的结构、原理、转速和铭牌等。

3.1 变压器

【学习目标】

1）了解变压器的用途和构造。

2）理解变压器原理，掌握变压器变换作用的相关计算。

【知识内容】

3.1.1 变压器概述

1. 变压器的用途

变压器是一种常见的电气设备，具有变换电压、变换电流、变换阻抗的作用，其主要用途如下：

1）电力系统中，在发电站用变压器将电压升高后通过输电线路送到各处，再用变压器将电压降低后送给各个用电单位，这种输电方式可以大大降低线路损耗，提高输电效率。

2）为多种仪器仪表、电子线路提供合适的电流和电压。

3）在电子技术中用于耦合、隔离信号和实现阻抗匹配。

4）用于焊接、电炉等特殊用途。

2. 变压器的基本构造和分类

变压器主要是由铁心和绕组两部分组成。铁心通常采用表面涂有绝缘漆膜、厚度为0.35mm的硅钢片叠制而成。绕组采用带有绝缘材料的铜质线圈绕制而成，其中与电源连接的绕组称为一次绕组；与负载连接的绕组称为二次绕组。

变压器结构分类如下：

1）根据铁心和绕组的结构不同，变压器可分为心式变压器和壳式变压器。图3-1为心式变压器，其特点是绕组包围铁心；图3-2为壳式变压器，其特点是部分绕组被铁心包围。电力变压器多采用心式，小型变压器多采用壳式。

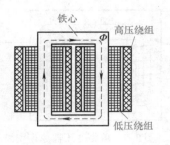
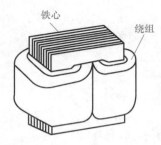

图 3-1　心式变压器

2）根据按冷却方式不同，变压器可分为自冷式和油冷式两种。小型变压器采用自冷式，即在空气中自然冷却。容量较大的变压器多采用油冷式，如图 3-3 所示，即把变压器的铁心和绕组全部浸在油箱中。

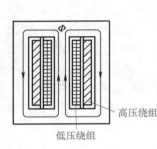

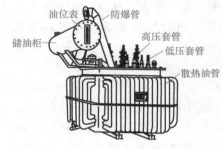

图 3-2　壳式变压器　　　　　　　　图 3-3　三箱油冷式变压器

3.1.2　变压器的工作原理

变压器是一种静止的电工设备，它是利用电磁感应原理，将输入的交流电压升高或降低为同频率的交流电压输出，以满足高压输电、低压配电以及其他用途需要。

1. 变压器的电压变换作用

图 3-4 为单相变压器符号，图 3-5 为单相变压器原理图，当一次绕组两端加正弦交流电压时就有电流通过，并由此产生交变磁通，一次绕组产生的绝大部分磁通通过铁心而闭合，从而在二次绕组中产生感应电动势，铁心中的磁通是一个由一、二次绕组共同产生的合成磁通 Φ，称为主磁通。主磁通穿过一、二次绕组并分别产生感应电动势 e_1、e_2（有效值为 E_1、E_2），此外一、二次绕组还产生漏磁通 Φ_{l1}、Φ_{l2}，但可以忽略不计。图 3-5 中的参考方向均符合右手螺旋定则。根据电磁感应定律：

一次绕组感应电动势为
$$e_1 = -N_1 \frac{\Delta \Phi}{\Delta t}$$

二次绕组感应电动势为
$$e_2 = -N_2 \frac{\Delta \Phi}{\Delta t}$$

以上两式相比得：
$$\frac{e_1}{e_2} = \frac{N_1}{N_2}$$

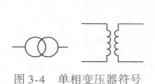

图 3-4　单相变压器符号　　　　　　图 3-5　单相变压器原理图

对有效值有：
$$\frac{E_1}{E_2} = \frac{N_1}{N_2} \tag{3-1}$$

式中，N_1、N_2 分别为一、二次绕组匝数。

由于一次绕组的电阻很小，它的电阻压降可忽略不计，则 e_1 近似与外加电压 u_1 相平衡。若只考虑其有效值，则有 $U_1 = E_1$，而二次绕组相当于一个电源，在 e_2 作用下两端的电压 u_2 近似与 e_2 相等。即有 $U_2 = E_2$，于是有

$$\frac{U_1}{U_2} = \frac{E_1}{E_2} = \frac{N_1}{N_2} = K \tag{3-2}$$

式中，K 称为变压器的电压比；U_1 为一次电压（输入电压、电源电压）；U_2 为二次电压（输出电压、负载电压）。

若 $N_1 > N_2$，则 $U_1 > U_2$，$K > 1$，称为降压变压器。

若 $N_1 < N_2$，则 $U_1 < U_2$，$K < 1$，称为升压变压器。

若 $N_1 = N_2$，则 $U_1 = U_2$，$K = 1$，称为隔离变压器。

例 3-1　某型号汽车点火线圈，一次绕组的匝数为 330 匝，二次绕组的匝数为 26070 匝。试求其匝数比；若一次绕组所加电压为 12V，则二次绕组将产生多大的电压？这是升压变压器还是降压变压器？

解：
$$K = \frac{N_1}{N_2} = \frac{330}{26070} = \frac{1}{79}$$

$$U_2 = U_1 \frac{1}{K} = 12\text{V} \times 79 = 948\text{V}$$

所以该点火线圈为升压变压器。

2. 变压器的电流变换作用

变压器在变压过程中只起能量传递作用，无论变换后的电压是升高还是降低，电能都不会增加。根据能量守恒定律，在忽略变压器内部能量损耗时，变压器的输出功率 P_2 应与变压器从电源中获得的功率 P_1 相等，即 $P_1 = P_2$。于是当变压器只有一个二次绕组且负载为纯电阻时，应有下述关系：

$$I_1 U_1 = I_2 U_2$$

$$\frac{I_1}{I_2} = \frac{U_2}{U_1} = \frac{N_2}{N_1} = \frac{1}{K} \tag{3-3}$$

式中，I_1、I_2 分别为一、二次电流。

式(3-3) 表明变压器一、二次电流之比等于它们的匝数比的倒数，也等于电压之比的倒数和变比的倒数。变压器负载加大（即 I_2 增加）时，一次电流 I_1 必然相应增加，变压器中的电流虽然由负载大小确定，但一、二次电流的比值基本是不变的。

3. 变压器的阻抗变换作用

图 3-6 中，负载阻抗模 $|Z|$ 接在变压器二次绕组侧，可以用一个阻抗模 $|Z'|$ 来等效代替，即接在电源上的阻抗模 $|Z'|$ 和接在变压器二次绕组侧的负载阻抗模 $|Z|$ 是等效的。

$$\frac{U_1}{I_1} = \frac{\frac{N_1}{N_2}U_2}{\frac{N_2}{N_1}I_2} = \left(\frac{N_1}{N_2}\right)^2 \frac{U_2}{I_2}$$

$$|Z'| = \left(\frac{N_1}{N_2}\right)^2 |Z| = K^2 |Z| \tag{3-4}$$

式(3-4) 说明，变压器二次绕组的负载阻抗 $|Z|$ 反映到一次绕组的阻抗值 $|Z'|$ 近似为 $|Z|$ 的 K^2 倍。这就是变压器阻抗变换的作用。

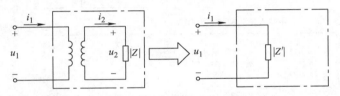

图 3-6　变压器的阻抗变换

3.1.3　变压器的损耗和额定值

1. 变压器的损耗和效率

变压器的功率损耗包括铁心中的铁损 P_{Fe} 和绕组上的铜损 P_{Cu}。铁损由交变磁通在铁心中产生，包括磁滞损耗和涡流损耗。铜损是由电流 I_1、I_2 流过一、二次绕组的电阻所产生的损耗，它随电流的变化而变化。变压器的输出功率 P_2 和输入功率 P_1 之比称为变压器的效率，通常用百分比表示，即

$$\eta = \frac{P_2}{P_1} \times 100\% = \frac{P_2}{P_2 + P_{Fe} + P_{Cu}} \times 100\% \tag{3-5}$$

图 3-7 为变压器效率曲线，效率随输出功率而变，并有最大值。变压器的功率损耗很小，效率很高，通常在 95% 以上，一般电力变压器中当负载为额定负载的 50% ~ 75% 时，效率达到最大值。

2. 变压器的铭牌

每台变压器上都装有铭牌，在铭牌上标明了变压器工作时规定的使用条件，我国颁布的电力变压器国家标准 GB/T1094.1—2013 规定，变压器的铭牌必须标注的项目有变压器的种类、本部

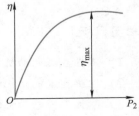

图 3-7　变压器效率曲线

分代号、制造单位名称、变压器装配所在地、出厂序号、制造年月、产品型号、相数、额定容量、额定频率、各绕组额定电压及分接位置、各绕组额定电流、联结组标号、以百分数表示的短路阻抗实测值、冷却方式、总质量和绝缘液体的质量、种类等项目，变压器铭牌如图 3-8 所示。

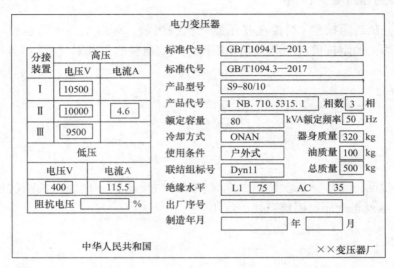

图 3-8　变压器铭牌

（1）变压器型号

变压器的型号表示一台变压器的结构、额定容量、电压等级及冷却方式等内容。

（2）额定值

1）额定容量 S_N（kVA）：指铭牌规定在额定使用条件下所能输出的视在功率。对三相变压器而言，额定容量指三相容量之和。

2）额定电压 U_N（kV 或 V）：指变压器长时间运行时所能承受的工作电压。一次额定电压 U_{1N}，是指规定加到一次侧的电压；二次额定电压 U_{2N}，是指变压器一次绕组加额定电压时，二次绕组空载的端电压。在三相变压器中，额定电压指的是线电压。

3）额定电流 I_N（A）：指变压器的额定容量下，允许长期通过的电流。同样，三相变压器的额定电流也指的是线电流。

4）额定频率 f_N（Hz）：我国规定标准工频为 50Hz。

3.2　直流电机

【学习目标】

1）掌握直流电动机的构造及分类等。

2）理解直流电动机的工作原理。

3）掌握直流电动机的励磁方式和特性。

4）了解控制电机的相关应用。

【知识内容】

直流电机是机械能和直流电能相互转换的旋转机械装置。做发电机时，机械能转换为电能；做电动机时，电能转换为机械能。直流发电机可作为直流电源广泛应用在需要直流电的场合，如电解电镀、蓄电池充电及汽车、船舶等。直流电动机调速性能好，起动转矩大，因此在需要较大转矩和调速要求较高的生产机械中广泛应用，如起重机械、牵引设备及龙门刨床等。

3.2.1 直流电机的构造

直流电机由定子和转子两大部分组成。

1. 定子

定子包括机座、主磁极、换向极、端盖和电刷装置等几部分，图3-9为直流电机剖面图。机座是电机磁路的一部分，并用以固定主磁极、换向极以及支撑整台电机的重量。机座一般为铸铁或铸钢件，小容量的直流电机也可用钢板焊成或用无缝钢管制造。

主磁极由磁极铁心和励磁绕组组成，磁极铁心由整块钢制成或用钢板叠成，其上套有励磁绕组，可以是一对、两对或者三对。主磁极的作用是通入直流电流产生恒定的磁场，改变电源电流的极性即可改变磁场的方向。主磁极铁心一般采用电磁铁，由直流电流励磁。只有小直流电机的主磁极才采用永久磁铁，称为永磁直流电机。

在相邻的主磁极之间装有换向极，它也是由铁心和绕组构成，用来改善换向性能，使电机运行时，在电刷与换向器的接触面上不致产生有害火花。一般1kW以下的直流电机换向极的个数较少或不装换向极，超过1kW的直流电动机都装有换向极。

电刷通常用石墨制成，装在金属的刷握内，如图3-10所示。用弹簧将电刷压在换向器表面做滑动接触，从而把电枢绕组和外电路接通。电刷装置固定在端盖上。

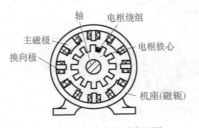
图3-9 直流电机剖面图

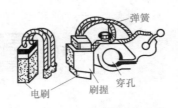
图3-10 电刷装置

2. 转子

直流电机的转子习惯上称为电枢，包括电枢铁心、电枢绕组、换向器、转轴和风扇等。电枢铁心作为电机磁路的一部分，由硅钢片叠成。铁心圆柱体外表面开着若干均匀分布的槽，用来安放电枢绕组。

电枢轴的一端装有换向器，如图3-11所示。换向器由许多铜片组成，其中每两个铜片（换向片）之间用云母绝缘隔开，电枢槽内的线圈均按照一定规则分别与换向片相遇，使绕组本身连成有两个引出端的串并联电路。电机的端盖由铸铁制成，用螺钉固定在机座的两端，轴承就装在端盖内，端盖和轴承用来支持转动的电枢。功率较大的直流电机还装有风扇，加强散热冷却。

直流电机的结构如图 3-12 所示。直流电机的各个部件如图 3-13 所示。

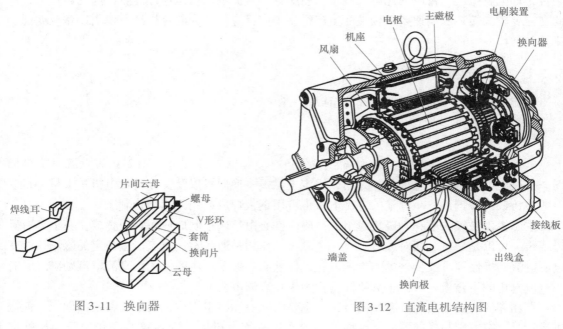

图 3-11　换向器

图 3-12　直流电机结构图

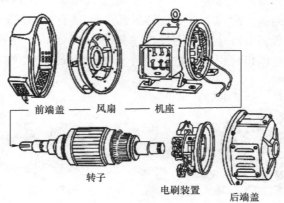

图 3-13　直流电机的各个部件

3. 2. 2　直流电机的工作原理

1. 直流发电机

图 3-14 所示的是一种最简单的直流发电机的工作原理图。在静止的磁极 N 与 S 之间，有一个能转动的圆柱形铁心，其上紧绕着一匝线圈。线圈的两端分别接在两个相互绝缘的半圆形铜片（组成一个换向器，其中铜片称为换向片）上，换向器上放置着固定不动的电刷。

铁心、线圈及换向器所组成的旋转部分称为电枢。当电枢被原动机驱动按逆时针方向转动后，导线便切割磁力线产生感应电动势，其方向如图 3-14 所示，此时电流由电刷 A 流出，由电刷 B 流入。当导线 a、b 从 N 极范围转入 S 极范围时，线圈中的电动势改变方向。但由于换向器随同一起旋转，使得电刷 A 总是接通 N 极下的导线，而电刷 B 总是接通 S 极下的导线，故电流仍然由 A 流出，由 B 流进，即 A 永为正极，B 永为负极，因而外电路中的电流方向不变。虽然依靠换向器的作用能把线圈的交变电动势在电刷间变换为

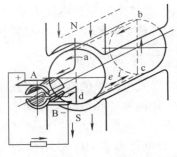

图 3-14　直流发电机工作原理图

方向不变的电动势，但它的大小仍然是脉动的。如欲获得方向和量值均恒定的电动势，则应把电枢铁心上线圈的匝数增多，同时换向器上的换向片数也要相应增加。

直流发电机的电动势是因导线切割磁力线而产生的，故两电刷间电动势 E 的大小就与发电机的转速 n 和磁极磁通 Φ 的乘积成正比，即

$$E = K_E \Phi n \tag{3-6}$$

式中，K_E 是与电机有关的常数。

2. 直流电动机

直流电动机的构造与直流发电机的构造基本相同，但在实用时，需把它的电刷与直流供电线相接，如图 3-15 所示。此时电流由正极 B 流入，由负极 A 流出（图示导线 ab 中电流方向为 b→a）。由于载流导线在磁场中受到电磁力的作用，故电枢产生一电磁转矩。运用左手定则，可以确定出电枢应按顺时针方向转动。当导线 ab 从 N 极范围转入 S 极范围时，依靠换向器的作用，使导线与电源负极相连，故导线 ab 中电流方向也同时改变（电流方向 a→b），因而电动机的转矩方向不变，故能继续旋转。

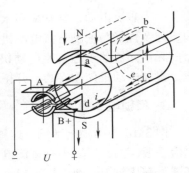

图 3-15　直流电动机工作原理图

直流电动机的电磁转矩 T 是由电枢电流与磁极磁通相互作用而产生，故电磁转矩 T 的大小就同电枢电流 I_a 和每极磁通 Φ 的乘积成正比，即

$$T = K_T \Phi I_a \tag{3-7}$$

式中，K_T 称为转矩常数，它与电动机的构造有关。对于已经制造好的电动机而言，K_T 为定值。式(3-6) 和式(3-7) 是分析直流电机工作原理的两个重要公式。

综上所述，直流电机具有可逆性，即从原理上讲，同一台直流电机既可以输入机械能、输出电能作为发电机运行，也可以输入电能、输出机械能作为电动机运行。

3.2.3　直流电动机的励磁方式和特性

直流电动机按励磁方式可分为他励电动机、并励电动机、串励电动机和复励电动机。

1. 他励电动机

他励电动机的励磁绕组和电枢绕组分别由两个直流电源供电，如图 3-16 所示。由励磁

电源 U_f 产生的励磁电流 I_f 建立磁通 Φ。电枢电路接通电源 U 后，电枢中产生工作电流 I_a，电枢在磁场作用下，产生电磁转矩 T，以转速 n 旋转，并在电枢中产生反电动势 E。

2. 并励电动机

并励电动机的励磁绕组和电枢绕组并联后由同一个直流电源供电，如图 3-17 所示。并励电动机和他励电动机并无本质区别，两者可以通用。因此有关他励电动机的结论、特性完全适用于并励电动机。他励或并励电动机在起动时，由于直流电源接入瞬间电动机转速 $n = 0$，反电动势 $E = 0$，故电流 I_a 很大。为了限制过大的起动电流，通常在电枢电路中串接起动电阻，待起动后，随着电动机转速上升，再把它切除。直流电动机在起动和运转过程中，励磁电路不能开路。

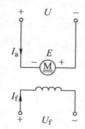

图 3-16 他励电动机

图 3-17 并励电动机

小型直流电动机常常采用永久磁铁制成磁极，这种电动机称为永磁式直流电动机。其工作原理及性能与他励直流电动机基本相同。由于结构简单，使用方便，因此应用比较广泛。目前无换向器的永磁直流电动机已进入实用阶段，这对于减少由于换向器磨损而产生的故障，提高电动机使用寿命，开拓使用领域有很重要的意义。

3. 串励电动机

图 3-18 为串励电动机，这种电动机的励磁绕组和电枢绕组串联，所以 $I = I_a = I_f$。这个电流一般较大，所以串励直流电动机的励磁绕组导线较粗，匝数少，电阻小，起动转矩和过载能力都比较大，通常用于起重运输场合。

4. 复励电动机

复励电动机有两个励磁绕组，一个与电枢绕组串联，另一个与电枢绕组并联，共同由一个直流电源供电，如图 3-19 所示。复励电动机由于有并励和串励两个励磁绕组，因此其机械特性介于并励电动机和串励电动机之间，既可以具有串励电动机的某些优点，适用于负载转矩变化较大、需要机械特性比较软的设备中，又可以像并励电动机那样在空载和轻载下运行。复励电动机在船舶、起重、机床和采矿等设备中都有应用。

图 3-18 串励电动机

图 3-19 复励电动机

3.3 三相异步电动机

【学习目标】

1）掌握三相异步电动机的结构。
2）理解三相异步电动机的工作原理。

【知识内容】

3.3.1 三相异步电动机的结构

三相异步电动机是一种交流电动机，根据它的特性与作用，普遍用于机床、水泵、鼓风机、矿山机械、农业机械等领域。钟兆琳是中国第一台交流发电机与电动机的研制者，培养了一大批杰出的电机学、信息学方面的人才，被誉为"中国电机之父"。

三相交流异步电动机主要由两部分组成：定子（固定部分）和转子（旋转部分），图3-20为笼型三相交流异步电动机的拆散形状图。

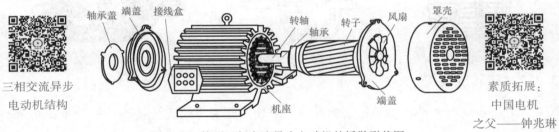

三相交流异步
电动机结构

素质拓展：
中国电机
之父——钟兆琳

图3-20 笼型三相交流异步电动机的拆散形状图

1. 定子

三相异步电动机定子（固定部分）由机座、定子铁心及定子绕组三部分组成。其作用为产生旋转磁场。机座用铸钢或铸铁制成，作用主要是固定与支撑定子铁心，中小型电动机一般采用铸铁机座，大型电动机一般采用钢板焊接机座。定子铁心由涂有绝缘漆的硅钢片叠加而成，并固定在机座中，如图3-21～图3-23所示。定子绕组（三相绕组）由绝缘导线绕制，嵌放在定子铁心槽内，按一定规律连接成三相对称结构。三相定子绕组连接方式有星形（丫）联结和三角形（△）联结，功率4kW以上的电动机一般为△联结，功率3kW以下的电动机一般为丫联结。

图3-21 定子的硅钢片

图3-22 未装绕组的定子

图3-23 定子和转子铁心

2. 转子

三相异步电动机的转子是其转动部分，由转子铁心、转子绕组和转轴等部分组成。转子的作用是在定子旋转磁场的作用下产生电磁转矩，沿着旋转磁场方向转动，并输出动力带动生产机械运转。转子有两种形式：笼型转子和绕线转子。

（1）笼型转子

笼型转子绕组是由嵌在转子铁心槽内的导电条组成的，并在转子铁心的两端各有一个导电端环，如果去掉转子铁心，剩下的转子绕组很像一个笼子，因此称为笼型转子，如图 3-24 和图 3-25 所示，按导电条材质不同可分为铜条转子和铸铝转子两大类。目前中小型笼型异步电动机的笼型转子绕组普遍采用铸铝制成，并在端环上铸出多片风叶作为冷却风扇。

（2）绕线转子

绕线转子的绕组与定子绕组相似，也是三相对称绕组。通常接成星形，三根端线分别与三个铜制集电环连接。环与环和环与轴之间都彼此绝缘，图 3-26 所示为绕线转子。具有这种转子的异步电动机称为绕线转子异步电动机。

图 3-24 笼型转子绕组

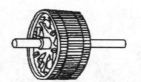
图 3-25 笼型转子

图 3-26 绕线转子

3.3.2 旋转磁场

三相异步电动机是利用三相交流电通入三相对称绕组所产生的旋转磁场来使转子旋转的。

为什么三相交流电通入三相对称绕组会产生旋转磁场呢？

图 3-27 所示为三相异步电动机定子绕组简单模型和接线图，三相定子绕组 U_1U_2、V_1V_2、W_1W_2 在空间互成 120°，组成了最简单的定子三相对称绕组，U_1、V_1、W_1 表示绕组的始端（首端），U_2、V_2、W_2 表示其末端。当绕组星形联结时末端 U_2、V_2、W_2 连接至中性点；始端 U_1、V_1、W_1 与电源连接。电流参考方向如图 3-27 所示，图中 ⊙ 表示导线中电流从里面流出，⊗ 表示电流向里流进去，并规定：电流由绕组首端流向末端为正，电流由绕组末端流向首端为负。将三相对称电流通入三相对称绕组，如图 3-28 所示，即

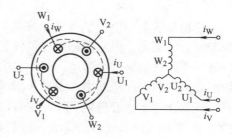
图 3-27 三相异步电动机定子绕组
简单模型和接线图

三相异步电动机
工作原理

$$i_U = I_m \sin\omega t \text{ 通入绕组 } U_1U_2$$

$$i_V = I_m \sin(\omega t - 120°) \text{ 通入绕组 } V_1V_2$$

$$i_W = I_m \sin(\omega t + 120°) \text{ 通入绕组 } W_1W_2$$

下面分析三相交流电流在定子内共同产生的磁场在一个周期内的变化情况。

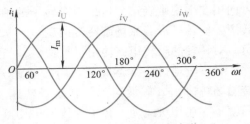

图 3-28　三相对称电流波形

1）$\omega t = 0°$ 时，$i_U = 0$、$i_V < 0$、$i_W > 0$。此时 i_V 实际方向与参考方向相反，表示由末端流向首端（V_2 端为 $\otimes$）；i_W 的实际方向与参考方向相同，表示由首端流向末端（W_1 端为 $\otimes$）。按右手螺旋定则可得到各个导体中电流所产生的合成磁场如图 3-29a 所示，为一个具有两个磁极的磁场。

2）$\omega t = 60°$ 时，$i_U > 0$、$i_V < 0$、$i_W = 0$。此时 i_V 由末端流向首端（V_2 端为 $\otimes$）；i_U 由首端流向末端（U_1 端为 $\otimes$）。按右手螺旋定则可得到各个导体中电流所产生的合成磁场，为一个具有两个磁极的磁场，如图 3-29b 所示。此时两磁极的空间位置和 $\omega t = 0°$ 相比，已经按顺时针方向转了 60°。

3）$\omega t = 120°$ 时，$i_U > 0$、$i_V = 0$、$i_W < 0$。此时三相电流产生的合成磁场的磁极的空间位置按顺时针方向转了 120°，如图 3-29c 所示。

4）$\omega t = 180°$ 时，$i_U = 0$、$i_V > 0$、$i_W < 0$。此时三相电流产生的合成磁场的磁极的空间位置按顺时针方向转了 180°，如图 3-29d 所示。

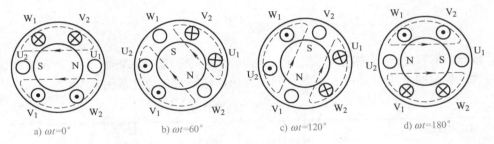

a) $\omega t=0°$　　　b) $\omega t=60°$　　　c) $\omega t=120°$　　　d) $\omega t=180°$

图 3-29　两级旋转磁场

按以上分析，当三相电流不断地随时间变化时，所建立的合成磁场是个旋转磁场。

结论：

1）三相正弦交流电流通过电动机的三相对称绕组，在电动机中所建立的合成磁场是一个旋转磁场。

2）旋转磁场的方向与三相电流的相序一致。旋转磁场方向为 $U_1 \rightarrow V_1 \rightarrow W_1$（顺时针方向），如果把三相绕组接至电源的三根引线中的任意两根对调，可以实现反转。例如把 i_U 通入 V 相绕组，i_V 通入 U 相绕组，i_W 仍然通入 W 相绕组，可以得到此时旋转磁场的旋转方向将会是 $V_1 \rightarrow U_1 \rightarrow W_1$。

3.3.3　三相异步电动机的工作原理

如图 3-30 所示，定子绕组中通有三相对称电流，它的磁场以转速 n_1 顺时针方向旋转。此时，转子上的导体与旋转的磁力线相切割，相当于转子导体逆时针方向旋转而切割磁力线。因转子各导体短路，故在转子各导体中产生感应电流。感应电流的方向可用右手定则确定。转子导体中感应电流与定子电流的磁场相互作用，结果使转子各导体受到电磁力 F，其方向用左手定则确定。这个力对转子的轴形成了一个电磁转矩，使转子沿着磁场旋转方向旋转，从而可以克服机械负载对转轴的阻转矩，输出机械功率。

异步电动机正常运行时，转子转速 n_2 不可能达到旋转磁场转速 n_1。假设达到旋转磁场转速 n_1 的话，两者之间就不存在相对运动，转子导体不再切割磁力线，因而转子导体中的感应电流随即消失，转子所受电磁力为零。可见转子转速 n_2 总要低于旋转磁场转速 n_1，即转子不能与旋转磁场同步，这就是"异步"名称的由来。

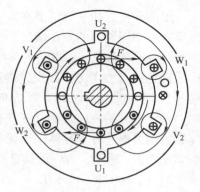

图 3-30　三相异步电动机工作原理

3.3.4　三相异步电动机的转速

上述旋转磁场具有一对磁极，若用 p 表示磁极对数，则 $p = 1$。磁极对数 $p = 1$ 的旋转磁场，其转速与正弦电流同步，若交流电的频率为 f_1，则旋转磁场每分钟的转速 $n_1 = 60f_1$。

磁极对数 $p = 2$ 时，交流电变化一周，旋转磁场转动 1/2 周。因此旋转磁场的转速与交流电频率为 f、磁极对数 p 有关。以此类推，p 对磁极的旋转磁场，交流电变化一周，旋转磁场就在空间转过 $1/p$ 周，因此，旋转磁场的转速为

$$n_1 = \frac{60f}{p} \tag{3-8}$$

旋转磁场的转速 n_1 也称为同步转速（r/min），它取决于电源频率（Hz）和旋转磁场的磁极对数。我国的工频为 50Hz，因此，同步转速与磁极对数的关系见表 3-1。

表 3-1　同步转速与磁极对数的关系

磁极对数	1	2	3	4	5
同步转速 n/(r/min)	3000	1500	1000	750	600

3.3.5　三相异步电动机的铭牌

想要正确使用三相异步电动机，首先要知道电动机的铭牌，如图 3-31 所示。

三相异步电动机					
型号	Y160L-4	功率	15kW	频率	50Hz
电压	380V	电流	30.3A	接法	△
转速	1440r/min	温升	80℃	绝缘等级	B
工作方式	连续	重量	45kg		
	年　月　日　编号　　××电机厂				

图 3-31　三相异步电动机的铭牌

一台三相异步电动机铭牌数据表述如下。

1. 型号

为了满足不同的需要，有多种型号的电动机可供选择，每种型号代表一系列电动机产品。型号由汉语拼音大写字母、国际通用符号和阿拉伯数字三部分组成。例如：

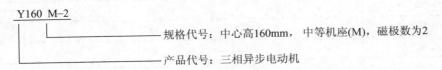

规格代号：中心高160mm，中等机座(M)，磁极数为2

产品代号：三相异步电动机

2. 额定值

额定值是设计、制造、管理和使用电动机的依据。

1）额定功率 P_N：指电动机额定运行时，转子轴上输出的机械功率，单位为 kW。

2）额定电压 U_N：指电动机额定运行时，三相定子绕组应加的线电压值，单位为 V。

3）额定电流 I_N：指电动机额定运行时，三相定子绕组的线电流值，单位为 A。

4）额定转速 n_N：指电动机额定运行时的转速，单位为 r/min。

5）额定频率 f_N：由于我国电网频率为 50Hz，故电动机的额定频率均为 50Hz。

3. 接法

为了便于改变接线，三相绕组的六根端线都接到定子外面的接线盒上。盒中接线柱的布置如图 3-32 所示，图 3-32a 为定子绕组星形联结，图 3-32b 为定子绕组三角形联结，图中 U_1、V_1、W_1 为定子绕组的首端，U_2、V_2、W_2 为其末端。

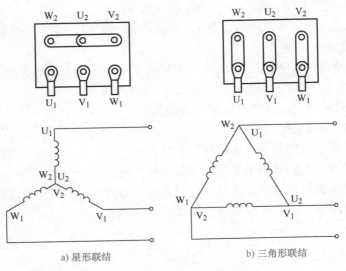

a) 星形联结　　　　　　　　　b) 三角形联结

图 3-32　三相异步电动机的接线盒

4. 温升及绝缘等级

温升是指电动机运行时绕组温度高出周围环境温度的数值。这是一个温度的相对数值。

但这个相对数值的多少是由电动机绕组所用绝缘材料的耐热程度决定的，绝缘材料的耐热程度称为绝缘等级。不同的绝缘材料，其最高允许的温升是不同的，中小电动机常用的绝缘材料分为五个等级，见表3-2。

表3-2　绝缘材料等级

绝缘等级	A	E	B	F	H
最高允许温度/℃	105	120	130	155	180
最高允许温升/℃	60	75	80	100	125

5. 工作方式

为了适应不同的负载需要，按负载持续运行时间不同，国家标准把电动机分成三种工作方式：连续工作制、短时工作制、断续周期工作制。

习　题　3

1. 小型变压器的基本结构主要有哪些？

2. 变压器的铁心是由什么构成的？根据铁心绕组的安装位置不同可将变压器分为哪几类？

3. 简述变压器是升压变压器和降压变压器的条件。

4. 简述变压器的三个作用。

5. 接在220V交流电源上的单相变压器，其二次电压为110V。若二次绕组匝数 N_2 为350匝，求：（1）电压比 K；（2）一次绕组的匝数 N_1。

6. 已知单相变压器一次电压为1000V，二次电压为220V，若在二次侧接10kW的电炉，问一次电流、二次电流各为多少？

7. 单相变压器的一次绕组接在 $U_1 = 3000V$ 的交流电源上，已知其电压比 $K = 15$，求二次绕组的输出电压 U_2；若二次电流 $I_2 = 60A$，求一次电流 I_1。

8. 按励磁方式的不同，直流电机分为哪些类型？

9. 直流电机的组成是什么？

10. 直流电动机中换向器和电刷的作用是什么？

11. 简述三相异步电动机的主要结构及各部分作用。

12. 什么是旋转磁场？旋转磁场是如何产生的？如何使三相异步电动机反转？

13. 想让异步电动机反转应采取什么措施？

第4章 电力拖动

【知识点】

本章主要介绍一些常用低压电器的结构和工作原理以及典型的三相异步电动机控制电路的分析。

4.1 常用的低压电器

【学习目标】

1）了解常用的低压电器的结构、符号和工作原理。
2）掌握三相异步电动机直接起动控制电路的电路图及分析。
3）掌握三相异步电动机正反转控制电路的电路图及分析。

【知识内容】

低压电器一般是指交流1200V、直流1500V以下，用来切换、控制、调节和保护用电设备的电器。低压电器按动作方式不同可分为手动电器和自动电器。

1. 刀开关

刀开关主要由刀片（动触头）和刀座（静触头）组成。它具有结构简单、价格低廉、使用维护方便等优点，故广泛应用在照明电路和小容量、不频繁起动的动力电路的控制电路中。图4-1是胶木盖瓷座刀开关的结构图，图4-2为刀开关的符号。

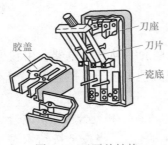

图4-1 刀开关结构

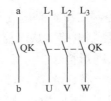

图4-2 刀开关符号

刀开关分类如下：
1）按极数不同可分为：单极刀开关、双极刀开关和三极刀开关。

2）按刀的转换方向不同可分为：单掷刀开关和双掷刀开关。

3）按灭弧装置的情况不同可分为：带灭弧罩刀开关和不带灭弧罩刀开关。

4）按操作方式不同可分为：直接手柄操作式刀开关和远距离连杆操作式刀开关。

刀开关不宜在负载运行下切断电源，常用作电源的隔离开关，以便对负载端的设备进行检修。在负载功率较小的场合也可以用作电源开关。

2. 组合开关

组合开关（又称转换开关）常用作电源引入开关，也可用它来直接起动和停止小容量笼型异步电动机或使电动机正反转，局部照明电路也常用它来控制。

组合开关分为单极、双极、三极和多极，图 4-3 是三极组合开关的结构图，图 4-4 是组合开关起停电动机示意图。组合开关有三对静触片，每个静触片的一端固定在绝缘垫板上，另一端伸出盒外，连在接线柱上。三个动触片装在有手柄的绝缘转动轴上，转动转轴可以将三个触点同时接通。

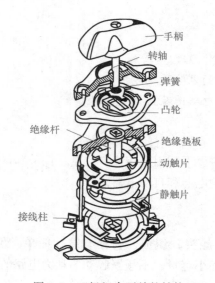

图 4-3　三极组合开关的结构

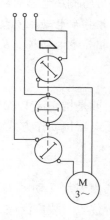

图 4-4　组合开关起停电动机示意图

3. 按钮

按钮（又称控制按钮）是电气设备中最常见的一种开关电器，用它可短时接通或断开 5A 以下的小电流控制电路，从而控制电动机或其他电气设备的运行。图 4-5 为按钮结构示意图，图 4-6 为其图形符号。

按钮分为：常开按钮（动合）、常闭按钮（动断）和复合按钮。复合按钮的上面一对组成常闭触头（动断），下面为一对为常开触头（动合）。当按下按钮帽时，动触头下移，上面常闭触头先断开，下面常开触头闭合。当松开按钮时，复位弹簧作用使动触头复位，常开触头断开，常闭触头闭合。

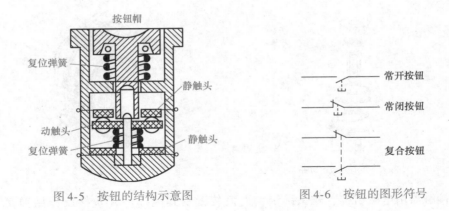

图 4-5 按钮的结构示意图　　　　图 4-6 按钮的图形符号

4. 熔断器

熔断器是电网和用电设备中最常用的短路保护电器，使用时串联在被保护电路中。当电路发生短路或严重过载时，通过熔体的电流值超过一定值，熔断器中的熔体将立即熔断以切断电路，从而起到保护线路及电气设备的作用。

熔断器主要由熔体（俗称保险丝）和安装熔体的熔管（或熔座）两部分组成。熔体由易熔金属材料（如铅、锌、锡、银、铜及其合金）制成，通常制成丝状和片状。熔管是装熔体的外壳，由陶瓷、绝缘钢纸制成，在熔体熔断时兼有灭弧作用。

正常工作时，流过熔体的电流小于或等于它的额定值，熔体不会熔断，电路仍然保持接通；当流过熔体的电流达到额定电流的 1.3～2 倍时，熔体缓慢熔断；当流过熔体的电流达到额定电流的 8～10 倍时，熔体迅速熔断。电流越大，熔断越快。因此熔断器对轻度过载反应比较迟钝，一般只能用作短路保护。

目前较常用的熔断器有图 4-7 所示的管式熔断器、图 4-8 所示的瓷插式熔断器及图 4-9 所示的螺旋式熔断器等。

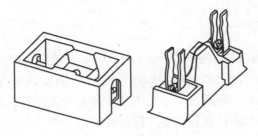

图 4-7 管式熔断器　　　　　　　图 4-8 瓷插式熔断器

5. 交流接触器

交流接触器是继电接触器控制系统中的主要器件，它是一种依靠电磁力作用来接通和切断带有负载的主电路或大容量控制电路的自动切换电器，常用于电动机、电炉等负载的自动控制。图 4-10 为交流接触器外形，图 4-11 为交流接触器结构示意图，图 4-12 为交流接触器符号。

图 4-9　螺旋式熔断器

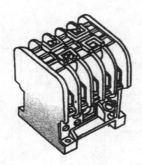

图 4-10　交流接触器外形

交流接触器由电磁机构、触头系统、灭弧装置及其他部件（包括反作用弹簧、缓冲弹簧、触头压力弹簧、传动机构及外壳等）四部分组成。交流接触器的工作原理是：当接触器吸引线圈加上额定电压时，上下铁心之间由于磁场的建立而产生电磁吸力，把上铁心吸下，它带动触头下移，使动触头与静触头闭合，将电路接通；当线圈断电时，电磁吸力消失，上铁心在弹簧的作用下恢复到原来的位置，动、静触头分开，电路断开。因此，只要控制接触器线圈通电或断电，就可以使接触器的触头闭合或分开，从而达到控制主电路接通或切断的目的。

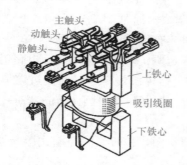

图 4-11　交流接触器结构示意图

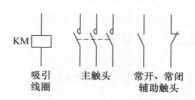

图 4-12　交流接触器符号

6. 中间继电器

中间继电器是一种电磁继电器，其结构与工作原理和交流接触器基本相同，只是电磁系统小一些，触头数量多一些，触点容量较小。图 4-13、图 4-14 分别是中间继电器的外形及符号。

中间继电器的用途：一是用来传递信号，同时控制多个电路；二是可以直接用来接通和断开小功率电动机或其他电气执行元件。

图 4-13　中间继电器的外形

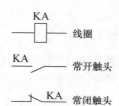

图 4-14　中间继电器的符号

7. 热继电器

热继电器是用作电动机过载保护的电气设备，它是利用电流热效应来切断电路的保护电器。热继电器原理图如图4-15所示，它主要由发热元件、双金属片和触头三部分组成，符号如图4-16所示。

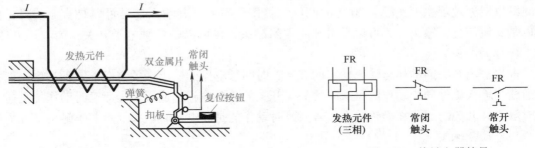

图4-15　热继电器原理图　　　　　图4-16　热继电器符号

发热元件是一段电阻不大的电阻丝，串接在主电路中，流过发热元件的电流就是负载电流。双金属片是热继电器的关键部件，它由两种不同膨胀系数的金属碾压而成，在受热后伸长不一致而造成弯曲变形。

当正常工作时，发热元件的热量不足以使双金属片产生明显的弯曲变形；当发生过载时，在发热元件上就会产生超过其"额定值"的热量，双金属片因此产生弯曲变形，从而脱扣，扣板在弹簧的拉力下将常闭触头断开，常闭触头接在电动机的控制电路中，控制电路断开而使接触器的线圈断电，从而断开电动机的主电路。但由于热惯性，热继电器不能用作短路保护。

8. 低压断路器

低压断路器是常用的一种低压保护电器，可用来接通和分断负载电路，控制不频繁起动的电动机，并能在线路和电动机发生过载、短路、欠电压时进行可靠的保护。图4-17是其原理示意图，它的功能相当于刀开关、过电流继电器、欠电压继电器、热继电器及剩余电流断路器等电器的部分或全部的功能总和，广泛用于配电电路、电动机电路、家用电路等的通断控制及保护。低压断路器由操作机构、触头、保护装置及灭弧系统等组成。图4-18是低压断路器的符号。

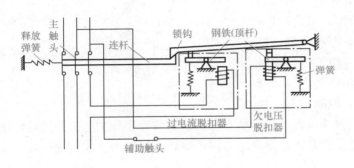

图4-17　低压断路器原理示意图　　　　　图4-18　低压断路器符号

9. 时间继电器

时间继电器是一种利用电磁原理、机械原理或电子技术来实现触头延时接通或断开的控制电器。它的种类很多，有空气阻尼型、电动型和电子型等。不管何种类型的时间继电器，其组成的主要环节都包括延时环节、比较环节和执行环节三个部分。图 4-19 为空气阻尼型时间继电器原理示意图，图 4-20 为时间继电器图形符号。其输入信号可以是直流信号，也可以是交流信号；输出开关可以是常开或常闭触头，也可以是各种电子开关，为叙述方便，以下统称为触头。

根据输出开关的动作与输入信号的关系，时间继电器的输出开关有以下三种类型：开关的通断与输入信号同步动作的是瞬时触头；开关的通断在施加输入信号后延时动作的是通电延时触头；开关的通断在撤销输入信号后延时动作的是断电延时触头。每一类触头又分为动合触头与动断触头。

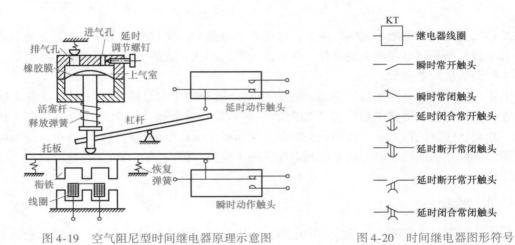

图 4-19　空气阻尼型时间继电器原理示意图　　　　图 4-20　时间继电器图形符号

10. 行程开关

行程开关又称限位开关，它是按工作机械的行程或位置要求而动作的电器，在电气传动的位置控制或保护中应用十分普遍。图 4-21 为机械式行程开关的外形和符号。行程开关一般安装在固定的基座上，生产机械的运动部件上装有撞块，当撞块与行程开关的滚轮相撞时，滚轮通过杠杆使行程开关内部的微动开关快速切换，产生通、断控制信号，使

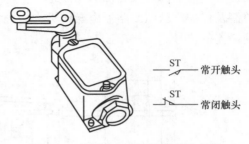

图 4-21　机械式行程开关外形和符号

电动机改变转向、改变转速或停止运转。当撞块离开后，有的行程开关是由弹簧的作用使各部件复位；有的则不能自动复位，必须依靠两个方向的撞块来回撞击，才能使行程开关不断切换。

4.2 典型的三相异步电动机控制电路

4.2.1 直接起动控制电路

1. 点动控制电路

点动控制：是指按下按钮时电动机动作，松开按钮时电动机立即停止工作。生产机械在进行试车和调整时常要求点动控制。如龙门刨床横梁的上下移动、起重机吊钩、小车和大车运行的操作控制等均是点动控制。

图4-22 中主电路由三相电源、刀开关 QS、熔断器 FU、交流接触器 KM 主触头、电动机定子绕组等组成。控制电路由电源、按钮 SB、交流接触器线圈 KM 等组成。

动作过程：

1）起动：闭合 QS→按下按钮 SB→KM 线圈通电→KM 主触头闭合→电动机 M 运行

2）停止：松开按钮 SB→KM 线圈断电→KM 主触头断开→电动机 M 停车

2. 自锁（长动）控制电路

自锁控制：如图 4-23 所示，当按下起动按钮 SB₁ 时交流接触器主触头闭合使得电动机起动运转，与此同时交流接触器辅助常开触头闭合，当松开 SB₁ 时，交流接触器线圈电路仍然接通并保持主电路通电，电动机连续运行。这种依靠交流接触器辅助触头使其线圈保持通电的作用称为自锁。起自锁作用的辅助触头称为自锁触头。

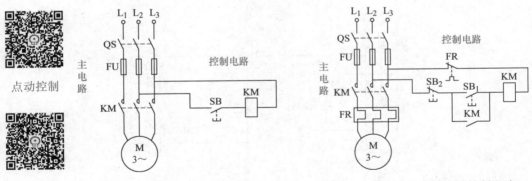

图 4-22 电动机起动点动控制电路   图 4-23 电动机起动自锁控制电路

点动控制

长动控制

工作过程：

1）起动：闭合 QS→按下按钮 SB_1→KM 线圈通电 → KM 主触点闭合→电动机 M 运行
→ KM 辅助触点闭合

2）停止：按下停止按钮 SB_2→KM 线圈断电 → KM 主触点断开→电动机 M 停车
→ KM 辅助触点断开

采用上述控制电路还可以实现短路保护、过载保护和零电压保护。

熔断器 FU 起短路保护作用。一旦发生事故，熔丝立即熔断，电动机立即停车。

热继电器 FR 起过载保护作用。当过载时，它的发热元件发热，将常闭触头断开，使接触器线圈断电，主触点断开，电动机停转。

所谓零电压（或失电压）保护就是当电源暂时断电或电压严重下降时，电动机即自动从电源切除。当电源电压恢复正常时如不重按起动按钮，则电动机不能自行起动（因为自锁触头也断开了）。

4.2.2　正反转控制电路

改变电动机的相序可以改变电动机的转向，利用两个交流接触器和 3 个按钮可以组成电动机正反转控制电路。

1. 单重互锁正反转控制电路（正停反）

如图 4-24 所示，若正转交流接触器 KM_1 工作（主触头闭合），电动机正转；反转交流接触器 KM_2 工作，电动机就反转。若两个接触器同时工作，就有两根电源线被主触头短接形成短路，所以对正反转控制电路的最基本要求是两个交流接触器不能同时工作。因此，要对两个交流接触器进行"互锁"设计，即当一个交流接触器工作时，锁住另一个交流接触器。实现方法是正转交流接触器 KM_1 的线圈电路中串接反转交流接触器 KM_2 的一个辅助常闭触头，而在反转交流接触器 KM_2 的线圈电路中串接正转交流接触器 KM_1 的一个辅助常闭触头，这两个辅助常闭触头称为互锁触头。互锁是指利用两个控制电器的常闭触头（一般是接触器的常闭触头、按钮的常闭触头）使一个电路工作，而切断另一个电路，起到相互制约的作用。

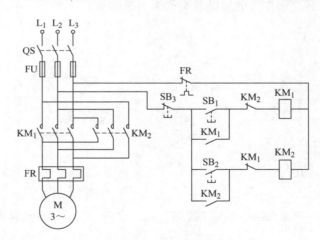

图 4-24　单重互锁正反转控制电路

动作过程：

1）起动正转：闭合 QS→按下按钮 SB_1→KM_1 线圈通电 ┬→KM_1 主触头闭合→电动机 M 正转

├→KM_1 辅助常闭触头断开，互锁

└→KM_1 自锁触头闭合

2）停止：闭合 QS→按下按钮 SB_3→KM_1 线圈断电→KM_1 主触头断开→电动机 M 停转

3）反转：闭合 QS→按下按钮 SB₂→KM₂线圈通电 ┬→KM₂主触头闭合→电动机 M 反转
                                       ├→KM₂辅助常闭触头断开，互锁
                                       └→KM₂自锁触头闭合

2. 双重互锁正反转控制电路（正反停）

当电动机在正转时要求反转，图 4-24 所示控制电路必须先按停止按钮 SB₃，然后再按反转起动按钮 SB₂，电动机才能反转，操作不太方便。为此可采用复合按钮和接触器双重互锁的正反转控制电路，如图 4-25 所示。SB₁ 和 SB₂ 是两个复合按钮，它们各具有一对常开触头和一对常闭触头。该电路具有按钮和接触器双重互锁作用，按钮互锁是通过复合按钮实现的，图中连接按钮的虚线表示同一按钮相互联动的触头。其中正转按钮 SB₁ 的常开触头用来控制正转接触器 KM₁ 线圈通电，常闭触头串接在反转接触器 KM₂ 线圈电路中。当按下按钮 SB₁ 希望接通正转控制回路时，其常闭触头先断开，切断了反转控制回路，保证了 KM₂ 线圈不会得电，实现了电气互锁。

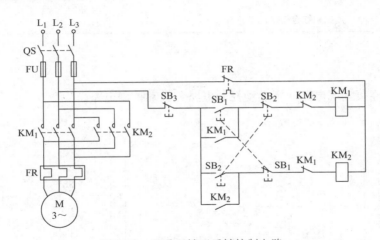

图 4-25 双重互锁正反转控制电路

4.3 技能训练：三相交流异步电动机的点、长动控制

1. 训练目的

1）熟悉掌握三相交流异步电动机点、长动控制电路的连接。
2）能够判定接线中出现的错误，排除实验故障。
3）熟悉电气控制线路中常用的仪器、仪表。

2. 原理说明

在生产中，小容量的三相笼型异步电动机都采用直接起动，一般都要将用来控制其起动的控制电器及保护电器装在一个铁箱里，称磁力起动器。

磁力起动器所用的电器元件不多，它所具有的功能也不多，仅能控制电动机的直接起动和停止，并能实现对电动机的过载保护和失电压保护，根据不同的需要它可以接成点动或长动控制电路。

3. 设备与器件

设备与器件见表4-1。

表4-1　设备与器件

序号	名　　称	型号与规格	数量	备注
1	交流接触器	CJX2 - 4011	1	
2	熔断器		3	
3	热继电器	JRS1 - 09 - 25/Z	1	
4	复合按钮	LA19 - 11	2	
5	三联开关		1	
6	三相笼型异步电动机（或三相灯泡负载）		1	

4. 训练内容

按图4-26连接训练电路，即点动控制电路和长动控制电路。

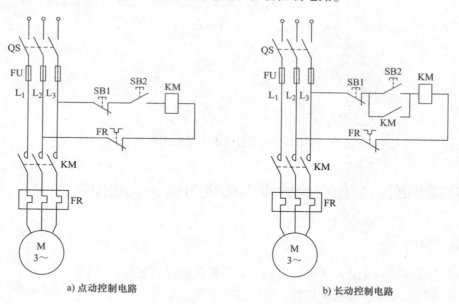

a) 点动控制电路　　　　　　　　b) 长动控制电路

图4-26　测试电路

1) 训练实施前检查各电器元件是否完好。

2) 电动机的点动控制：按图4-26a接线，接线完毕，同组同学应自查一遍，然后由指导教师检查后，方可接通电源，必须严格遵守"先断电、再接线、后通电，先断电、后拆线"的操作原则。

3) 电动机的长动控制：按图4-26b接线，接线完毕，同组同学应自查一遍，然后由指导教师检查后，方可接通电源，必须严格遵守"先断电、再接线、后通电，先断电、后拆线"的操作原则。

5. 训练注意事项

1）训练实施采用三相交流市电，线电压为380V。实训时要注意人身安全，不可触及导电部件，防止意外事故发生。

2）训练实施结束后，请将元件、导线按照实训前的摆置归位，形成良好习惯和职业素养。

6. 思考题

1）看懂测试电路，并理解其工作原理。

2）什么是接触器的主触头和辅助触头？什么是它的常开触头和常闭触头？按钮的常开触头和常闭触头是如何定义的？

3）什么是自锁作用？它是利用接触器的什么部件来完成其动作的？

7. 技能训练报告

1）电路中已经用了热继电器，为什么还要装熔断器？

2）热继电器、熔断器在电路中各起什么作用？

3）心得体会及其他。

1. 画出交流接触器的结构示意图、主触头、辅助常开触头的符号，简述其工作原理。

2. 回答下述问题：

（1）熔断器在三相交流电路中能否只接两相？

（2）热继电器为什么不能用于短路保护？

（3）何谓自锁控制？能起自锁作用的主要元件是什么？

（4）何谓互锁控制？它的主要作用是什么？

3. 画出三相异步电动机自锁控制电路图，并简述其工作原理。

4. 试分析图4-27所示的控制电路的工作原理（未画出主电路）。

5. 画出三相异步电动机正、反转单重互锁控制电路图，并讲述其工作原理。

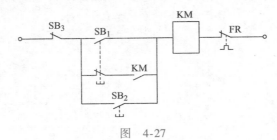

图　4-27

6. 图 4-28 所示正反转控制电路有多处错误，请指出错误并说明如何改正。

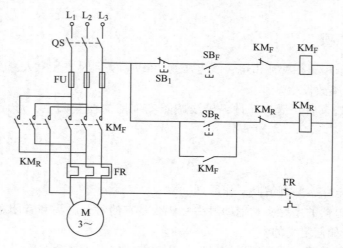

图   4-28

第二篇

电子技术基础

第5章 稳压电源电路分析

【知识点】

　　本章主要介绍稳压电源电路的稳压原理，基本元器件的特性，整流电路、滤波电路、稳压电路的工作过程。

5.1 半导体二极管的特性与识别

【学习目标】

1) 了解二极管的结构、特性与分类。
2) 掌握二极管的应用。
3) 会查找器件资料，能利用仪表测试器件性能。

【知识内容】

拓展阅读：中国半导体之母——谢希德

5.1.1 半导体基础知识

1. 半导体及其特性

　　导电能力介于导体与绝缘体之间的物质称为半导体，如硅、硒、锗以及许多金属氧化物和金属硫化物。纯净半导体导电能力差，绝缘性能也不强，既不易用作导电材料，也不易用作绝缘材料。但是，温度、光照、掺杂等外界条件能引起半导体导电性能的显著变化，即半导体具有热敏、光敏、掺杂等特性。最引人注目的是掺杂特性：在纯净的半导体中掺进微量的某种杂质，对其导电性能影响极大。

2. N 型半导体和 P 型半导体

　　硅或锗原子最外层均有四个电子，它们常因热运动或光照等原因挣脱原子核的束缚成为自由电子。同时在其原来位置上留下一个空位，称为空穴，如图 5-1a 所示。自由电子带负电。中性原子失去电子后带正电，故可以认为空穴带正电。在外电场作用下，自由电子和空穴均可定向移动而形成电流。这是半导体导电的一个基本特性。常温下半导体中的这种电流很小。但在半导体中有控制、有选择地掺入微量的有用杂质就能大大提高它的导电能力，这就是掺杂半导体。

（1）N型半导体

在单晶硅（或锗）中掺入微量的五价元素，例如磷。磷原子取代硅原子位置并与邻近硅原子形成共价键时，还多余一个价电子，这个价电子容易脱离原子而成为自由电子，如图5-1b所示。这种掺杂半导体的自由电子增多了，其导电能力也大大增强。这种半导体中自由电子数远远大于空穴数，所以它主要靠自由电子导电，故称为电子型半导体或N型半导体。

（2）P型半导体

在单晶硅（或锗）中掺入微量的三价元素，例如硼。硼原子取代硅原子位置并与邻近硅原子形成共价键时，还缺少一个价电子而形成空穴，如图5-1c所示。这种掺杂半导体中空穴增多了，其导电能力也提高了。这种半导体中空穴数远远大于自由电子数，所以它主要靠空穴导电，故称为空穴型半导体或P型半导体。应该指出，无论是N型半导体还是P型半导体，它们本身仍然是电中性的。

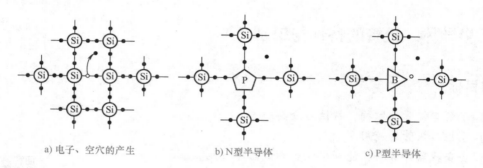

a) 电子、空穴的产生   b) N型半导体   c) P型半导体

图5-1   N型半导体与P型半导体

3. PN结及其单向导电性

一块P型或N型半导体，虽具有较强的导电能力，但将它接入电路中，只起电阻作用，不能成为半导体器件。如果在一整块半导体中采取一定的措施，使其一边形成P型半导体，一边形成N型半导体，这时就会在它们的交界面处产生一种特殊的结构，称为PN结。PN结是制造各种半导体器件的基本结构。因此，掌握PN结的特性十分重要。

这里仅通过一实验说明PN结的特性。如图5-2所示，将一块具有PN结的半导体材料经一灯泡接在直流电源上。当把P区接电源正极、N区接电源负极时，如图5-2a所示，即称PN结加正向电压（又称正向偏置或正偏），此时灯亮，说明PN结呈现较小的正向电阻，电路中存在较大电流，电流能通过PN结。我们称此时PN结处于正向导通状态。当

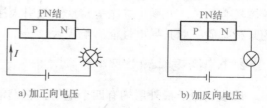

a) 加正向电压   b) 加反向电压

图5-2   PN结的单向导电性

PN 结加反向电压（又称反向偏置或反偏），即 P 区接电源负极、N 区接电源正极，如图 5-2b 所示，此时灯不亮，说明 PN 结呈现很大的反向电阻，电路中基本无电流，电流不能通过 PN 结。我们称此时 PN 结处于反向截止状态。

由此可见，PN 结具有单向导电性，即加正向电压时 PN 结导通，加反向电压时 PN 结截止。

5.1.2　二极管

1. 二极管的结构及类型

将 PN 结装上电极引线及管壳，就制成了二极管。其外形如图 5-3a 所示。二极管的正极（又称阳极）由 P 区引出，负极（又称阴极）由 N 区引出，如图 5-3b 所示。使用二极管时要注意极性不要接错，否则电路将不能正常工作，甚至损坏管子。为此制造厂家常在管壳上标明色点，表示该端为正极端。二极管电气符号如图 5-3c 所示。

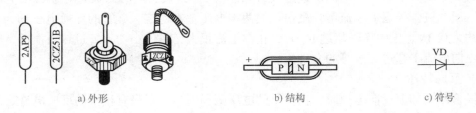

a) 外形　　　　　　　　　　b) 结构　　　　　　　　c) 符号

图 5-3　二极管的外形、结构、符号

按结构类型不同，二极管可分为点接触型和面结合型两种。点接触型的 PN 结面积小，允许通过的电流小。面结合型的 PN 结面积较大，允许通过的电流大。

按芯片材料不同，二极管主要有硅二极管（硅管）和锗二极管（锗管）两种。硅管反向电流小，锗管工作电流频率高。

按用途不同，二极管又可分为普通二极管、整流二极管、开关二极管、稳压二极管、发光二极管等。

2. 二极管的伏安特性

为了正确使用二极管，需要了解它的电压-电流关系曲线，由于电压、电流的单位分别为伏特和安培，所以电压-电流关系曲线又称为伏安特性曲线。

在实验电路板上安装图 5-4 所示电路，调节电位器 R_P，可改变二极管 VD 的正向电压和正向电流，其实验结果可绘制成图 5-5 中第一象限的曲线，称为正向特性曲线。

在实验电路板上安装图 5-6 所示电路，调节电位器 R_P，可改变二极管 VD 的反向电压和反向电流，其实验结果可绘制成图 5-5 中第三象限的曲线，称为反向特性曲线。

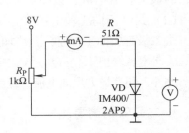

图 5-4　二极管正向特性测试

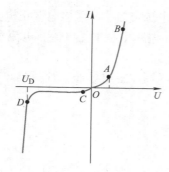

图 5-5　二极管的伏安特性曲线

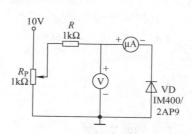

图 5-6　二极管反向特性测试

（1）正向特性

当正向电压较小时，正向电流很小，二极管呈现的正向电阻较大，如曲线的 OA 段，通常称这个区为死区。锗管的死区电压约为 0 ~ 0.2V。硅管的死区电压约为 0 ~ 0.5V。当正向电压增大到一定数值后正向电流迅速增大，如曲线的 AB 段，此时二极管导通，该电压值为导通电压。二极管导通后电流增长虽快，但两端电压基本稳定。硅管的导通电压约为 0.7V，锗管的约为 0.3V。正向压降超过 1V 时，正向电流很大，将使小功率管过热而损坏。使用时须限制正向电流不超过二极管的允许值。

（2）反向特性

二极管两端加上反向电压时，在一定的电压范围内二极管只有很小的反向电流通过，其大小几乎不变，通常称为反向饱和电流，此时二极管呈现很大的反向电阻而处于截止状态。当反向电压增加到一定数值（图 5-5 中的 U_D）时，反向电流突然增大，二极管失去了单向导电特性，这种现象称为击穿。发生击穿时，加在二极管两端的反向电压叫作反向击穿电压。使用二极管时，所加的反向电压应小于其反向击穿电压。

3. 二极管的主要参数

为了正确选择和使用二极管，必须了解二极管的类型、用途和性能参数。通常把表示二极管工作性能的参数列成表格，供实际应用参考。二极管的参数很多，作为整流器件使用时，主要有两个参数。

（1）最大整流电流 I_M

指二极管长期工作时，允许通过的最大正向平均电流。选用二极管时，工作电流不能超过它的最大整流电流，以免烧坏二极管。

（2）最高反向工作电压 U_{RM}

指二极管长期工作时，允许加到二极管上的最高反向电压（峰值）。使用时，加在二极管上的反向电压峰值不允许超过这一数值，以保证二极管在使用中不致因反向电压过高而损坏。

此外，还有最大反向电流、最高工作频率、正向管压降等，这些参数都可在其手册中查到。

4. 二极管的简易测试

使用二极管时，常需辨别二极管的正、负极和粗略判断二极管的好坏。通常用万用表欧姆档通过测试二极管的正、反向电阻来进行判断。

（1）好坏判别

把万用表欧姆档的量程拨到 $R \times 100$ 或 $R \times 1k$ 档，将两表棒分别正接和反接在被测二极管的两端，即可测出大、小两个阻值，如图5-7所示。大的是反向电阻，小的是正向电阻。如果测出的正向电阻是几百欧，反向电阻是几百千欧，那就说明被测的二极管是好的。而且，正、反向电阻值相差越大，说明二极管的单向导电性越好；如果测出的正、反向电阻为无穷大，说明二极管内部已断路；如果测出的正、反向电阻都很小或为零，说明二极管内部已短路。后两种情况都说明二极管已经损坏，不能继续使用。

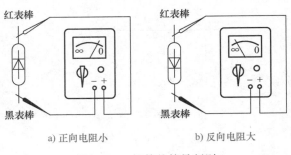

a）正向电阻小　　b）反向电阻大

图5-7　二极管的简易判别

（2）极性判别

可用指针式万用表测量二极管的正、反向电阻并进行极性判别，如图5-7所示。电阻较小时，则黑表棒所接的一端是二极管的正极，红表棒所接的一端是二极管的负极；反之，测得电阻较大时，则黑表棒所接的一端是二极管的负极，红表棒所接的一端是二极管的正极。这是因为黑表棒与表内电池的正极相连，红表棒与表内电池的负极相连。

用指针式万用表测量二极管的正、反向电阻时应注意以下两点：

1）用指针式万用表不同的欧姆档测试同一只二极管获得的阻值是不相同的，因为不同的档位，两表棒之间的端电压不同。

2）在测量小功率二极管时，不宜用电流较大的 $R \times 1$ 档或电压较高的 $R \times 10k$ 档，以免损坏二极管。

5. 硅稳压二极管和发光二极管

硅稳压二极管（简称稳压管）是一种特殊的面接触型二极管。它与普通二极管一样，也是由一个PN结构成，不同的是制造工艺上有所差别。普通二极管反向击穿后便损坏了，而稳压二极管却要求工作在反向击穿状态下，以实现稳压目的。只要反向电流限制在一定范围内，反向击穿并不会造成稳压二极管的损坏。稳压二极管的伏安特性曲线和符号如图5-8所示。

由图5-8a可见，稳压二极管的伏安特性曲线与普通二极管的特性曲线相似，不同的是稳压二极管工作在反向击穿区，在这一区域内流过稳压二极管的电流可以在很大的范围内变化，而它两端的电压可保持基本不变，因此，具有稳定电压的作用。如果将负载电阻与稳压二极管并联，负载上就可得到近似恒定的电压。由于稳压二极管工作在反向击穿区，所以在电路中稳压二极管的两端应加反向电压。

发光二极管简称LED，是一种通以正向电流就会发光的二极管，它由特殊半导体材料制成，可发出红色、橙色、黄色、绿色、蓝色等颜色的光，其电路符号如图5-9所示。发光二极管的伏安特性曲线与普通二极管相似，不过它的正向导通电压大于1V，同时发光的亮度随通过的正向电流增大而增强，工作电流为几个毫安到几十毫安，典型工作电流为10mA左右。发光二极管可以单个使用，也可以制成七段数字显示器等。

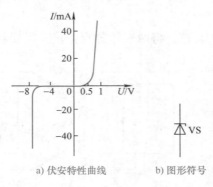

a) 伏安特性曲线　　　b) 图形符号

图 5-8　稳压管的伏安特性曲线及符号

图 5-9　发光二极管电路符号

6. 二极管的型号命名

半导体器件品种繁多，特性不一，为了便于分类和识别，对不同类型的半导体器件应用不同的符号来表示。按照国家标准 GB/T 249—2017 规定，国产二极管的型号由五部分组成，见表 5-1。例如，2CK84 表示硅开关二极管，2CZ56 表示硅整流二极管。

表 5-1　晶体二极管的型号命名

第一部分（数字）	第二部分（拼音）	第三部分（拼音）	第四部分（数字）	第五部分（拼音）
电极数目	材料和极性	二极管类型	二极管序号	规格号
2—二极管	A—N 型锗 B—P 型锗 C—N 型硅 D—P 型硅 E—化合物或合金材料	P—小信号管 Z—整流管 W—电压调整管和电压基准管 K—开关管 F—限幅管 L—整流堆	表示某些性能与参数上的差别	表示同型号中的档别

5.2　整流电路分析

【学习目标】

1）了解整流电路的组成及工作原理。
2）掌握单相半波整流电路中电压与电流的关系，并能进行简单计算。
3）掌握单相桥式全波整流电路中电压与电流的关系，并能进行简单计算。

【知识内容】

5.2.1　单相半波整流电路

1. 电路组成

单相半波整流电路如图 5-10 所示，图中 Tr 是整流变压器，VD 是整流二极管，R_L 是负载电阻。

2. 工作原理

变压器二次电压 u_2 作为整流电路的交流输入电压，加在二极管与负载相串联的电路上。设输入电压

$$u_2 = \sqrt{2}\,U_2 \sin\omega t$$

式中，U_2 为变压器二次电压的有效值。

其波形如图 5-11 所示。当 u_2 为正半周时，变压器二次绕组的 a 端为正，b 端为负，二极管承受正向电压而导通。电流从 a 端经二极管 VD、负载 R_L 回到 b 端。若略去二极管正向导通时的管压降不计，则加在负载 R_L 上的电压为 u_2 的正半周电压。当 u_2 为负半周时，则 b 端为正，a 端为负，二极管承受反向电压而截止，电路电流为零。这时，R_L 两端电压也为零。所以 u_2 的负半周电压全部加在二极管上。电路电流和电压的波形如图 5-11 所示。

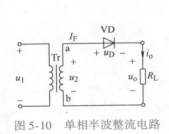

图 5-10　单相半波整流电路

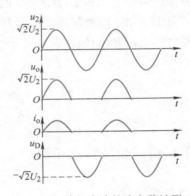

图 5-11　单相半波整流电路波形

由于整流输出电压（即负载 R_L 两端电压）是输入正弦交流电压的半波，故称为半波整流。

3. 电路的电压与电流

在输入正弦电压的一个周期内，负载获得的是脉动直流电压，其大小用平均值 U_o 表示，经数学分析，可得

$$U_o = 0.45U_2 \tag{5-1}$$

式 (5-1) 表明，单相半波整流电路输出的直流电压平均值，等于输入的交流电压（即变压器二次电压）有效值的 0.45 倍。因此，通过负载 R_L 的直流电流平均值 I_o（简称直流电流）为

$$I_o = \frac{U_o}{R_L} = 0.45\frac{U_2}{R_L} \tag{5-2}$$

通过二极管的正向电流平均值 I_F（简称正向电流）等于通过负载的直流电流，即

$$I_F = I_o \tag{5-3}$$

二极管截止时所承受的最大反向电压 U_{DRM} 等于变压器二次电压的幅值，即

$$U_{DRM} = \sqrt{2}\,U_2 = 3.14U_o \tag{5-4}$$

单相半波整流电路结构简单，所用整流器件少。但半波整流设备利用率低，输出电压脉动较大，一般仅适用于整流电流较小（几十毫安以下）或对脉动要求不严格的直流设备。整流二极管的选用，通常根据整流电路的结构和直流负载所需要的直流电压和电流来确定。二极管实际通过的电流和承受的反向电压，都不得超过它的极限参数——最大整流电流和最高反向工作电压，选用时必须留有裕量。

例 5-1 单相半波整流电路如图 5-10 所示。已知直流负载电阻为 20Ω，工作电压为 40V，单相交流电源电压 220V，试选择整流二极管，并计算变压器的电压比。

解：负载工作电流为
$$I_\text{o} = \frac{U_\text{o}}{R_\text{L}} = \frac{40\text{V}}{20\Omega} = 2\text{A}$$

通过二极管的正向电流为 $I_\text{F} = I_\text{o} = 2\text{A}$

二极管承受的最大反向电压为 $U_\text{DRM} = 3.14\ U_\text{o} = 3.14 \times 40\text{V} \approx 126\text{V}$

查相关手册可得，二极管 2CZ56D 的最大整流电流为 3A，最高反向工作电压为 200V。所以选用一只 2CZ56D 作为整流二极管并安装相应的散热片。

变压器二次电压和电压比为

$$U_2 = \frac{U_\text{o}}{0.45} = \frac{40\text{V}}{0.45} = 89\text{V}$$

$$K = \frac{U_1}{U_2} = \frac{220\text{V}}{89\text{V}} = 2.5$$

5.2.2 单相桥式全波整流电路

1. 电路组成

单相桥式全波整流电路如图 5-12a 所示，四个二极管作为整流器件接成电桥形式。电桥的一组对角顶点 a、b 接交流输入电压；另一组对角顶点 c、d 接至直流负载。其中二极管 VD_1 和 VD_2 负极接在一起的共负极端 c 为整流电源输出端的正极，而 VD_3 和 VD_4 的正极接在一起的共正极端 d 为其负极。

2. 工作原理

图 5-12a 中，设变压器的二次电压为 $u_2 = \sqrt{2}\ U_2 \sin\omega t$。当 u_2 在正半周时，变压器二次绕组的 a 端为正、b 端为负，二极管 VD_1 和 VD_3 因承受正向电压而导通，而二极管 VD_2、VD_4 因承受反向电压而截止。这时，电流从 a 端流经 VD_1、负载 R_L 和 VD_3 回到 b 端。当 u_2 为负半周时，变压器二次绕组的 a 端为负、b 端为正，二极管 VD_2 和 VD_4 因承受正向电压而导通，VD_1 和 VD_3 因承受反向电压而截止。电流从 b 端→VD_2→R_L→VD_4→a 端。由此可见，在交流电压 u_2 的一个周期内，二极管 VD_1、VD_3 和 VD_2、VD_4 轮流导通半个周期，通过负载 R_L 的是两个半波的电流，而且电流方向相同，故称为全波整流。输出直流电压的脉动程度比半波整流降低了。单相桥式全波整流电路的电流和电压波形如图 5-13 所示。

图 5-12b 为单相桥式全波整流电路的简化画法，其中二极管符号的箭头指向为整流电源的正极，图 5-12c 与图 5-12a 的电路相同，只是画法不同。

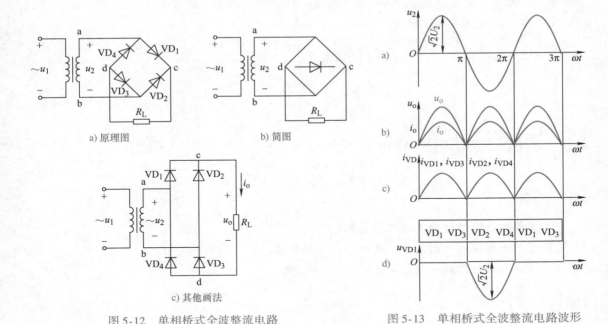

图 5-12　单相桥式全波整流电路　　　　　　　图 5-13　单相桥式全波整流电路波形

3. 电路的电压与电流

显然，单相桥式全波整流电路输出的直流电压为单相半波整流电路的两倍。由于两组二极管轮流工作，所以通过各个二极管的电流为负载电流的一半。二极管截止时，承受的反向电压最大值仍等于变压器二次电压 u_2 的最大值。有关计算公式如下：

负载两端的直流电压平均值为　　　$U_o = 0.9 U_2$ 　　　　　　　　　(5-5)

通过负载的直流电流平均值为　　　$I_o = 0.9 \dfrac{U_2}{R_L}$ 　　　　　　(5-6)

通过每只二极管的正向电流平均值为　　$I_F = \dfrac{1}{2} I_o$ 　　　　　　(5-7)

每个二极管承受的最大反向电压　　　$U_{DRM} = \sqrt{2} U_2 = 1.57 U_o$ 　　　(5-8)

必须注意，单相桥式全波整流电路的四个二极管的正、负极不能接反。交流电源和直流负载分别应接的对角顶点也不许接错。否则，可能发生电源短路，不仅烧坏整流管，甚至烧坏电源变压器。

例 5-2　单相桥式全波整流电路如图 5-12 所示。已知直流负载电阻为 20Ω，所需电压为 40V，单相交流电源电压 220V。试选择整流二极管，并计算变压器的电压比。

解：负载工作电流为 $I_o = \dfrac{U_o}{R_L} = \dfrac{40V}{20\Omega} = 2A$

通过二极管的正向电流为　　　$I_F = \dfrac{1}{2} I_o = \dfrac{1}{2} \times 2A = 1A$

二极管承受的最大反向电压为 $U_{DRM} = 1.57\ U_o = 1.57 \times 40V \approx 63V$

查相关手册可得，2CZ56C 的最大整流电流为 3A，最高反向工作电压为 100V，可满足整流电路的要求。因此选用 2CZ56C 作为整流器件，并安装相应的散热片。

变压器二次电压和电压比为

$$U_2 = \frac{U_o}{0.9} = \frac{40\text{V}}{0.9} \approx 44\text{V}$$

$$K = \frac{U_1}{U_2} = \frac{220\text{V}}{44\text{V}} = 5$$

5.3 滤波与稳压电路分析

【学习目标】

1）掌握滤波电路的分类及工作过程。

2）掌握电容滤波电路的结构及输出电压的估算。

3）理解硅稳压二极管稳压电路的稳压过程。

【知识内容】

5.3.1 滤波电路

滤波电路的作用是降低直流电压的脉动程度，使之趋向平滑。常用的滤波元件有电容元件和电感元件。

1. 电容滤波

图 5-14 是带有电容滤波的单相半波整流电路，滤波电容器并联在负载的两端，因此负载两端电压等于电容器两端电压，即 $u_o = u_C$。

设起始时电容器两端电压为零。当 u_2 由零进入正半周时，二极管导通，电容 C 被充电，其两端电压 u_C 将随 u_2 的上升而逐渐增大，直到达到 u_2 的最大值。在此期间，电源经二极管向负载提供电流。

当 u_2 从最大值开始下降时，由于电容器两端电压不会突变，将出现 $u_2 < u_C$ 的情况。这时，二极管则因反向偏置而提前截止，电容器通过 R_L 放电为负载提供电流，通过负载的电流方向与二极管导通时的电流方向相同。在 R_L 和 C 足够大的情况下，放电过程持续时间较长，直至交流电压 u_2 正向上升至 $u_2 > u_C$ 时，二极管再次导通，重复上述过程。

由于二极管的正向导通电阻很小，所以电容充电很快，u_C 紧随 u_2 升高。当 R_L 较大时，电容器放电较慢，负载两端的电压徐徐下降，甚至几乎保持不变。

由此可见，在二极管导通时，电容器被电源充电，在二极管截止时，电容器可向负载 R_L 放电。所以带有电容滤波的单相半波整流电路输出电压波形如图 5-15 所示。

由图可见，在带有电容滤波的单相半波整流电路中，由于滤波电容对负载放电，使整流电路在 u_2 为负半周时，也有电压输出，所以负载上电压不仅脉动程度减小，其平均值也可得到提高。

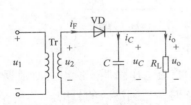

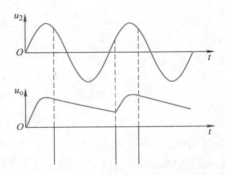

图 5-14　单相半波整流电容滤波电路　　　图 5-15　单相半波整流电容滤波电路的电压波形

滤波电容一般在几百微法以上，电容越大，滤波效果越好。为了获得比较平滑的直流电压，半波整流可按 $R_L C \geq (3 \sim 5) T$ 来选择滤波电容，其中 T 为交流电的周期。

电容滤波输出电压的大小与负载有关。空载时（$R_L \to \infty$），电容没有放电回路，其输出直流电压可达 $\sqrt{2} U_2$。接入负载后，输出电压约等于 U_2。负载电阻 R_L 越小，则电容放电加快，输出电压越低。所以电容滤波只适用于负载电流较小并且负载基本不变的场合。

2. 电感滤波

图 5-16 是带有电感滤波的单相桥式整流电路。电感 L 与负载 R_L 串联，利用通过电感的电流不能突变的特性来实现滤波。因为通过电感线圈的电流发生变化时，线圈中要产生自感电动势阻碍电流的变化，当电流增大时电感产生的自感电动势阻止电流的增加；而电流减小时，自感电动势则阻止电流的减小。因此，当脉动电流从电感线圈

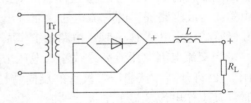

图 5-16　单相桥式整流电感滤波电路

中通过时，将会变得平滑些，所以使负载电压的脉动大为减小，而且当负载变化引起输出电流变化时，电感线圈也能抑制负载电流的变化。可知 L 越大滤波效果越好。但电感量较大时（几亨至几十亨），电感器的铁心粗大笨重、线圈匝数也较多，因此，在小型电子设备中很少采用电感滤波。

电感滤波适用于一些大功率整流设备和负载电流变化较大的场合。

3. 复式滤波器

为了进一步提高滤波效果，可用电容和电感组成复式滤波器。常见的有 Γ 形和 π 形两种，如图 5-17a、b 所示。由于电感线圈的体积大而笨重，成本又高，所以有时候用电阻去代替 π 形滤波器中的电感线圈，这样便构成了 π 形 RC 滤波器，如图 5-17c 所示。对负载电流较小和负载比较稳定的场合，其滤波效果很好。

虽然电阻本身并无过滤作用，但因 R、C 元件对交直流呈现不同的阻抗，若适当选择 R、C 参数，使交流分量主要降在电阻 R 上，而直流分量主要降在电容 C 上，也可取得一定的滤波效果。RC 值越大，滤波效果越好。但当 R 增大时，功率损耗也增加。此外，电阻 R

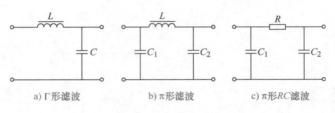

a) Γ形滤波   b) π形滤波   c) π形RC滤波

图 5-17　复式滤波器

在降低交流分量的同时，也产生直流压降，致使输出的直流电压降低。所以有时根据电路的需要，在利用电阻 R 作为整流电路的降压限流元件的同时，达到滤波的目的。

5.3.2　稳压电路

稳压电路的作用是通过电路的自动调节而使输出电压保持恒定。常见的稳压电路有稳压二极管并联型稳压电路和晶体管串联型稳压电路（后面会讲到）。这里只介绍稳压二极管并联型稳压电路。

稳压二极管并联型稳压电路是最简单的稳压电路，其电路如图 5-18 所示。稳压二极管 VS 与负载 R_L 并联，R 为限流电阻，用以保护稳压二极管，同时又与稳压二极管相配合对输出电压进行调节并使之稳定。稳压电路的输入电压 U_i 是由整流滤波电路提供的直流电压，而输出电压 U_o 就是稳压二极管的稳定电压 U_Z。稳压电路的工作原理如下：

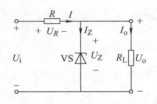

图 5-18　稳压二极管并联型稳压电路

当交流电网电压升高导致输入电压 U_i 增大时，负载电压 U_o 也将升高。从稳压二极管的反向特性曲线可知，当加在稳压二极管上的电压稍有增加时，其工作电流就显著增大。这时，电路电流增大，在电阻 R 上的压降增加，抵偿 U_i 的升高，使得负载两端电压基本保持不变。反之，当电网电压降低时，负载电压 U_o 也要降低，因而稳压二极管电流显著减小，电阻 R 上的电压降也减小，仍然保持负载电压 U_o 近似不变。

同理，当电源电压保持不变而负载电流变化引起负载电压变化时，上述稳压电路仍能起到稳压作用。例如，当负载电流增大时，电阻 R 上的压降增大，负载电压 U_o 因而下降。只要 U_o 下降一点，稳压二极管电流就显著减小，通过电阻 R 的电流和电阻上的电压降保持近似不变，因此负载电压 U_o 也就近似稳定不变。当负载电流减小时，稳压过程相反。

稳压二极管并联型稳压电路结构简单，在负载电流变动较小时，稳压效果较好。但其输出电压只能等于稳压二极管的稳定电压。因此稳压二极管并联型稳压电路只适用于功率较小和负载电流变化不大的场合。

5.4　集成稳压器

【学习目标】

1）掌握三端集成稳压器的外形和符号。
2）熟悉三端集成稳压器的原理。

【知识内容】

5.4.1 固定输出的三端集成稳压器

集成稳压器又叫集成稳压电路，是将不稳定的直流电压转换成稳定的直流电压的集成电路。固定输出的三端集成稳压器的"三端"指输入端、输出端及公共端三个引出端。组成稳压电路的所有元件都集成在一块芯片上，工作时不用外接任何附加元件，使用安装也和晶体管一样方便。其外形及符号如图 5-19 所示。封装形式有金属封装和塑料封装两种，如图 5-20 所示。固定输出的三端集成稳压器 W78×× 系列和 W79×× 各有七个种类，输出电压分别为 ±5V、±6V、±9V、±12V、±15V、±18V、±24V；最大输出电流可达 1.5A，在保证充分散热的条件下，输出电流有 0.1A，0.5A 和 1.5A 三个档次。公共端的静态电流为 8mA。型号后两位数字为输出电压值，例如 W7815 表示输出电压 $U_o = +15V$。

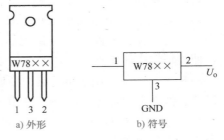

图 5-19　固定输出的三端集成
稳压器的外形及符号

在根据稳定电压值选择稳压器的型号时，要求经整流滤波后的电压要高于三端集成稳压器的输出电压 2~3V（输出负电压时要低 2~3V），因为输入与输出电压之差等于加在调整管上的集射极间电压 U_{CE}，如果过小，调整管容易工作在饱和区，降低稳压效果，甚至失去稳压作用；若过大，则功耗过大。

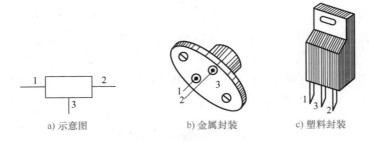

图 5-20　固定输出的三端集成稳压器的封装与管脚排列
1—输入端　2—输出端　3—公共端

5.4.2 集成稳压器组成稳压电路的原理

固定输出的三端集成稳压器的基本应用电路有：

1）固定正电压输出电路，如图 5-21a 所示。电容 C_1 用于减小输入电压的脉动，抵消因输入线过长产生的电感效应并消除自激振荡；C_2 用于改善负载的瞬态响应，消除电路的高频噪声，即瞬时增减负载电流时不致引起输出电压有较大的波动。C_1、C_2 一般选涤纶电容，容量为 0.1μF 至几微法。安装时，两电容应直接与三端集成稳压器的引脚根部相连。

2）固定负电压输出电路，如图 5-21b 所示。

3）同时输出两组正、负固定电压的电路，可用 W78×× 和 W79×× 共同组成，如图 5-21c 所示。其中的两个二极管称为续流二极管，为电容放电提供回路。

使用固定输出的三端集成稳压器，应注意区分输入端与输出端，如果接错，将使调整管的发射结承受过高的反向电压，从而可能导致击穿。W78×× 和 W79×× 系列集成稳压器属于功耗较大的集成电路，必须装配散热器才能正常工作。如果散热不良，稳压器内部的过热保护电路会对输出电压进行限制，使稳压器中止工作。

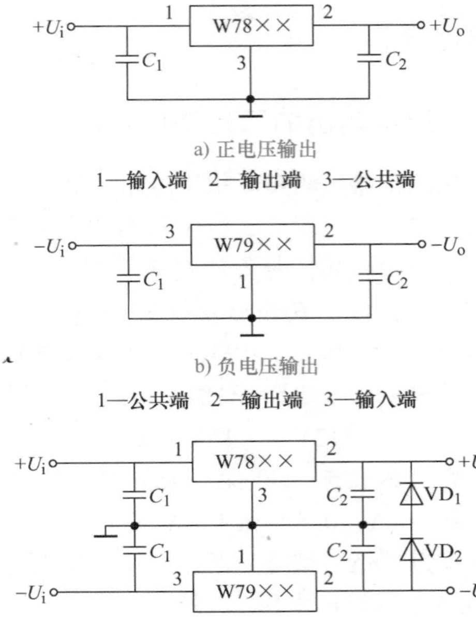

例 5-3　图 5-22 所示电路是由变压器 T、整流桥、滤波电容器 C_1、C_2 和三端集成稳压器 IC（W7809）构成的典型直流稳压电路，试分析其工作原理。

解：开关 S 闭合后，变压器 T 一次绕组接入 220V 交流电，变压后得到的交流电压送入单相桥式全波整流电路，整流后可以得到脉动的单相直流电压，由电容 C_1 滤波后得到较平滑的直流电压，然后再送入三端集成稳压器，为了使稳压效果更好，最后再经过电容器 C_2 滤波，最终输出直流稳定电压 U_o。由于三端集成稳压器 IC 的型号是 W7809，所以可知 $U_o = +9V$。

因此，该电路完成的功能是：将输入的 220V 的单相交流电转变为恒定的 +9V 电压。

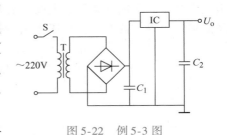

a) 正电压输出
1—输入端　2—输出端　3—公共端

b) 负电压输出
1—公共端　2—输出端　3—输入端

c) 正负电压输出

图 5-21　固定输出的三端集成稳压器基本应用电路

图 5-22　例 5-3 图

习 题 5

1. N 型半导体中的_____数远远大于_____数，所以它主要靠_____导电；P 型半导体中的_____数远远大于_____数，所以它主要靠_____导电。

2. PN 结具有_____导电性，即加正向电压时 PN 结_____，加反向电压时 PN 结_____。

3. 如果在 PN 结两侧外加一个直流电压，把 P 区接电源_____极，把 N 区接电源_____极，称 PN 结加_____电压，此时电流能通过 PN 结，我们称此时 PN 结处于_____状态。

4. 从二极管的伏安特性曲线可知，二极管加_____时，二极管导通。导通时的正向电压降硅管约为_____V，锗管约为_____V。

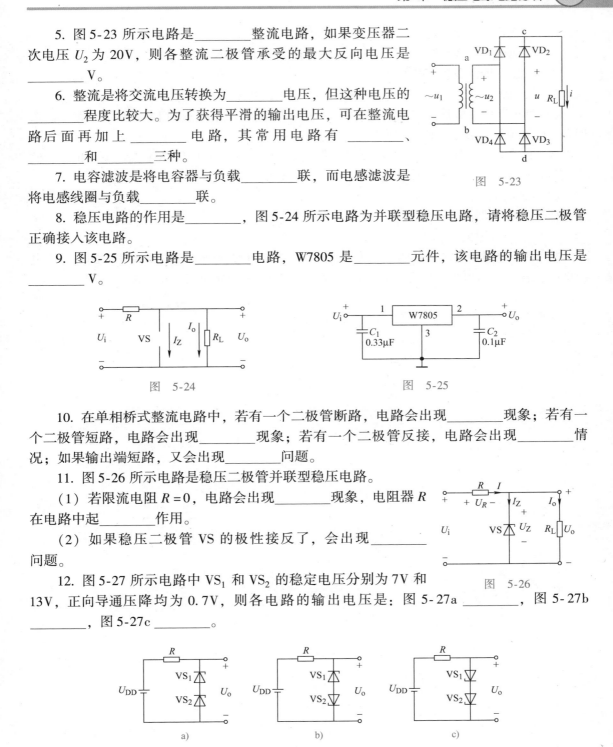

5. 图 5-23 所示电路是_____整流电路，如果变压器二次电压 U_2 为 20V，则各整流二极管承受的最大反向电压是_____V。

6. 整流是将交流电压转换为_____电压，但这种电压的_____程度比较大。为了获得平滑的输出电压，可在整流电路后面再加上_____电路，其常用电路有_____、_____和_____三种。

7. 电容滤波是将电容器与负载_____联，而电感滤波是将电感线圈与负载_____联。

8. 稳压电路的作用是_____，图 5-24 所示电路为并联型稳压电路，请将稳压二极管正确接入该电路。

9. 图 5-25 所示电路是_____电路，W7805 是_____元件，该电路的输出电压是_____V。

图 5-23

图 5-24

图 5-25

10. 在单相桥式整流电路中，若有一个二极管断路，电路会出现_____现象；若有一个二极管短路，电路会出现_____现象；若有一个二极管反接，电路会出现_____情况；如果输出端短路，又会出现_____问题。

11. 图 5-26 所示电路是稳压二极管并联型稳压电路。

（1）若限流电阻 $R=0$，电路会出现_____现象，电阻器 R 在电路中起_____作用。

（2）如果稳压二极管 VS 的极性接反了，会出现_____问题。

12. 图 5-27 所示电路中 VS_1 和 VS_2 的稳定电压分别为 7V 和 13V，正向导通压降均为 0.7V，则各电路的输出电压是：图 5-27a _____，图 5-27b _____，图 5-27c _____。

图 5-26

a)   b)   c)

图 5-27

13. 半导体具有哪些主要特性？其中哪个特性最引人注目？

14. 半导体导电的基本特性是什么？PN 结的单向导电性指的是什么？

15. 什么是 P 型半导体？什么是 N 型半导体？

16. 如何用万用表判断二极管的正、负极与二极管的好坏？

17. 试述下列二极管型号的含义：

(1) 2AP9　(2) 2CZ12　(3) 2CW4　(4) 2CP12

18. 某电阻性负载需 24V 直流电压和 8A 的直流电流，现采用单相半波整流电路，试选用合适的整流二极管，并画出电路图。

19. 有一电阻性负载 $R_L = 120\Omega$ 要求工作电流为 0.25A。现采用 220V 交流电路供电，试为该负载设计一个单相桥式整流电路。

(1) 画出电路图。

(2) 求变压器的电压比。

(3) 选择合适的二极管。

20. 有一电阻性直流负载的额定电压为 12V，额定电流为 600mA，由单相 220V 交流电源供电，若采用单相桥式整流电路，试选用整流二极管和确定整流变压器的电压比。

第6章 晶体管放大电路分析

【知识点】

本章主要介绍晶体管的基本结构和特性；各种常用基本放大电路的结构、原理、分析方法及应用；集成运算放大器的特点、主要参数及在信号运算方面的应用。

6.1 晶体管的特性与识别

【学习目标】

1）掌握晶体管的结构、类型及放大原理。
2）了解晶体管的特性曲线及主要参数。

【知识内容】

6.1.1 晶体管的基本结构及类型

晶体管又称晶体三极管、双极型晶体管等。目前最常用的晶体管的结构有平面型和合金型两类，硅管主要为平面型，如图 6-1a 所示；锗管主要为合金型，如图 6-1b 所示。

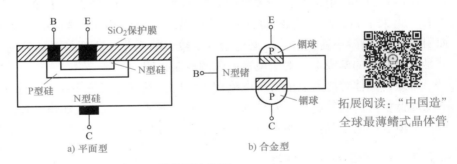

a) 平面型　　　　　　　　　　b) 合金型

拓展阅读："中国造"全球最薄鳍式晶体管

图 6-1　晶体管结构图

晶体管可分为 NPN 型和 PNP 型两种类型，图 6-2a 为 NPN 型晶体管的结构和图形符号，其结构主要分为三个区（集电区、基区、发射区）、两个结（集电结、发射结）、三个极（集电极、基极、发射极）。图 6-2b 为 PNP 型晶体管的结构和图形符号。

6.1.2 晶体管的放大原理

晶体管是具有放大作用的器件。为了实现放大作用，可把 NPN 型晶体管接成图 6-3 所示电路，这种电路称为共发射极放大电路。

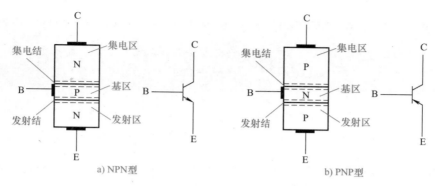

a) NPN型   b) PNP型

图6-2 晶体管结构示意和图形符号

图6-3中，基极电源 U_{BB} 使发射结获得正向偏置，故发射区的电子不断地越过发射结进入基区，并不断由电源补充电子形成发射极电流 I_E。当然基区空穴也进入发射区，但因基区的杂质浓度很低，故空穴形成的电流很小（在图中未画出）。发射区的电子注入基区后，将继续向集电结扩散。因基区很薄且空穴浓度很低，故发射区注入基的电子只有一小部分和基区的空穴复合，复合掉的空穴不断由基极电源补充，形成基极电流 I_B，而发射区注入基区的绝大部分电子扩散到集电结的边缘。由于集电极电源 U_{CC} 使集电结获得反向偏置，故扩散到集电结边缘的电子就在电场的作用下越过集电结，被集电极收集，形成集电极电流 I_C。

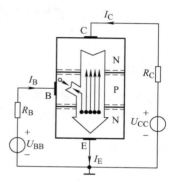

图6-3 载流子的运动

三个电流之间的关系为

$$I_E = I_C + I_B \tag{6-1}$$

晶体管内部的电流存在一种比例分配关系。I_C 和 I_B 分别占 I_E 的一定比例，且 I_C 接近于 I_E，远大于 I_B，I_C 和 I_B 间也存在比例关系。这样，当基极电路由于外加电压或电阻改变而引起 I_B 发生微小变化时，I_C 必定会发生较大的变化。这就是晶体管的电流放大作用，也就是通常所说的基极电流对集电极电流的控制作用。

总之，晶体管之所以能实现电流放大作用，既有内部条件——制造时使基区很薄且杂质浓度远低于发射区等，又要有外部条件——发射结正向偏置、集电结反向偏置，两者缺一不可。晶体管中电子和空穴两种极性的载流子都参与导电，故称为双极型晶体管。

6.1.3 晶体管的特性曲线

晶体管的特性曲线是表示晶体管各电极间电压和电流之间关系的曲线。常用的特性曲线有输入特性曲线和输出特性曲线两种。

1. 输入特性曲线

输入特性曲线是指集射极间电压 U_{CE} 为一定值时，基极电流 I_B 随基射极间电压 U_{BE} 变化的曲线，如图6-4所示。

由图6-4可见，输入特性曲线与二极管的正向特性曲线相似，也是非线性的。在起始部分也有一段死区，锗管的死区电压小于 0.2V，硅管的死区电压小于 0.5V。当 U_{BE} 大于死区电压后，晶体管才出现基极电流 I_B，我们称此时晶体管开始导通。此时 I_B 随着 U_{BE} 的增加而增加。当硅管的 U_{BE} 接近 0.7V（锗管接近 0.3V）时，电压稍有变化，电流就会增加很多，此时晶体管已充分导通，其正向压降 U_{BE} 近似等于一个常数（硅管约为 0.7V、锗管约为 0.3V）。U_{BE} 过高将导致 I_B 太大而使管子损坏，为此通常在输入回路中串接一个限流保护电阻。

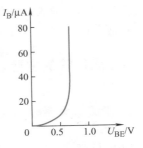

图 6-4　晶体管的输入特性曲线

2. 输出特性曲线

输出特性曲线是指基极电流 I_B 为一定值时，集电极电流 I_C 随集射极间电压 U_{CE} 变化的关系曲线，如图 6-5 所示。图中一簇曲线是在 I_B 取不同值时测定的，每条曲线的基本形状相似，并随 I_B 的不同而上下移动。由其中的一条输出特性曲线可以看出：曲线的起始部分较陡，说明当 U_{CE} 很小时，I_C 也很小，且 I_C 随 U_{CE} 的增加而迅速上升。当 U_{CE} 增加到大于 1V 以后，I_C 已增加到较大值。此时，若 U_{CE} 再增加，只要 I_B 不变，I_C 就基本不变。要想改变 I_C，就要改变 I_B。管子的放大工作就在这一区域进行。

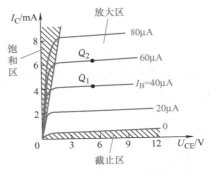

图 6-5　晶体管的输出特性曲线

根据晶体管的工作状态不同，通常可在输出特性曲线上划分三个工作区域：截止区、放大区和饱和区。

（1）截止区

当发射结正向电压低于死区电压或发射结加反向电压时，基极电流 $I_B = 0$，我们称晶体管截止。此时晶体管已经失去了放大作用，处于截止状态，集电极与发射极之间相当于一只断开的开关。

晶体管处于截止状态的工作条件是：发射结零偏或反偏，集电结反偏。实际上，发射结电压小于死区电压时，晶体管已开始进入截止状态。

（2）放大区

在 $I_B > 0$ 和 $U_{CE} > 1V$ 的范围内，各曲线平坦且间隔均匀，说明 I_B 增大，相应的 I_C 也增大（表现为曲线上移）。此时，I_C 的变化基本上与 U_{CE} 无关，而且 I_C 随 I_B 成比例增加。这就是晶体管的电流放大作用，所以该区域称为放大区。

晶体管处于放大状态的工作条件是：发射结正偏，集电结反偏。

（3）饱和区

在 U_{CE} 很小时，特性曲线上升段拐点连接线左侧区域为饱和区。饱和区的特点是：I_B 再增大，I_C 也很少增加，即集电极电流 I_C 不再受基极电流 I_B 的控制，说明 I_C 达到了饱和状态，晶体管失去了放大作用。晶体管饱和时，U_{CE} 接近于零，而 I_C 较大，故晶体管的集电极与发射极之间相当于开关的闭合状态。

晶体管处于饱和状态的工作条件是：发射结、集电结均正向偏置。

应该指出：放大区、集电区和饱和区都是晶体管的正常工作区。晶体管放大管使用时工作在放大区；晶体管作开关使用时工作在饱和区和截止区。

6.1.4 晶体管的主要参数

1. 电流放大系数

（1）直流（静态）电流放大系数 $\bar{\beta}$

当 U_{CE} 为一定值时，集电极电流 I_C 与基极电流 I_B 的比值叫作晶体管的直流电流放大系数，用 $\bar{\beta}$ 表示，即

$$\bar{\beta} = \frac{I_C}{I_B} \tag{6-2}$$

（2）交流（动态）电流放大系数 β。当 U_{CE} 为一定值时，集电极电流的变化量 ΔI_C 与基极电流的变化量 ΔI_B 的比值叫作晶体管的交流电流放大系数，也称动态电流放大系数，用 β 表示，即

$$\beta = \frac{\Delta I_C}{\Delta I_B} \tag{6-3}$$

β 的大小与管子的工作电流有关。当 I_C 很小（如几十微安）或很大（即接近 I_{CM}）时，β 值都比较小；但是当 I_C 在 1mA 以上相当大的范围内，小功率管的 β 值都比较大。同一型号晶体管的 β 差异也很大，一般为 20～200。通常 β 值随温度的升高而增大。

$\bar{\beta}$ 值与 β 值不完全相同，但比较接近。由于便于测量，所以常用 β 的值来代替 $\bar{\beta}$ 值，并把 $\bar{\beta}$ 都写成 β。这样式（6-2）可表示为

$$I_C = \beta I_B \tag{6-4}$$

将上式代入式（6-1）得

$$I_E = I_B + I_C = (1 + \beta)I_B \tag{6-5}$$

2. 穿透电流

穿透电流是基极开路（$I_B = 0$）时的集电极电流，用 I_{CEO} 表示。

实验证明，I_{CEO} 受温度影响很大，它随着温度升高而增加。晶体管在实际工作时，集电极电流应为 $I_C = \beta I_B + I_{CEO}$。因此，温度升高时，$I_C$ 增加也很快，是晶体管温度稳定性较差的主要原因。在选用管子时，I_{CEO} 越小，表示管子的温度稳定性越好，工作越稳定。由于硅管的 I_{CEO}（通常为几微安）比锗管（通常为几十微安至几百微安）小得多，所以硅管的热稳定性比锗管好。

3. 集电极最大允许电流

晶体管正常工作时，集电极所允许通过的最大电流叫作集电极最大允许电流，用 I_{CM} 表示。使用时，I_C 应小于 I_{CM}。如果 $I_C > I_{CM}$，虽然不一定损坏管子，但 β 值要明显下降。

4. 集射极反向击穿电压

当基极开路时，允许加在集电极与发射极之间的最大电压，叫作集射极反向击穿电压，用 $U_{CE(BR)}$ 表示。使用时若 $U_{CE} > U_{CE(BR)}$，就会导致晶体管击穿损坏。

5. 集电极最大允许耗散功率

晶体管正常工作时，集电极允许的最大耗散功率，叫作集电极最大允许耗散功率，用 P_{CM} 表示。使用中加在管子上的电压 U_{CE} 和通过集电极的电流 I_C 的乘积不得超过 P_{CM} 值。为了使用方便，通常在晶体管的输出特性曲线上画有一条 P_{CM} 曲线，叫作管耗极限线（管耗线），如图 6-6 所示。在管耗线的左下方为安全工作区，在管耗线的右方为损耗区。由图可见，截止区、饱和区、管耗线、集电极最大允许电流 I_{CM} 和集射极反向击穿电压 $U_{CE(BR)}$ 从五个方面限制了晶体管的放大区。

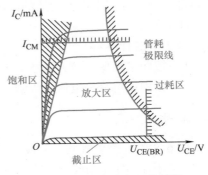

图 6-6　晶体管放大区的界限

6.2　放大电路分析

【学习目标】

1）理解放大概念，了解常用的放大电路类型。
2）掌握共发射极放大电路的组成、工作原理、静态和动态分析方法。
3）了解共发射极放大电路静态工作点稳定的解决方法。

【知识内容】

晶体管的最大作用就是组成放大电路。在生产和科学实践中，往往要求用微弱的信号去控制较大功率的负载，例如，常见的收音机和电视机中，将天线收到的微弱信号放大到足以推动扬声器和显像管的程度。为了解放大器的工作原理，先讨论最基本的放大电路——共发射极放大电路。

6.2.1　共发射极放大电路

1. 放大概念

利用扩音器放大声音，是电子学中最经典的一种放大现象，如图 6-7 所示，传声器将微弱的声音转换成电信号，经放大电路放大成足够强的电信号后，驱动扬声器（执行机构），使其发出较原来强得多的声音。这种放大使扬声器所获得的能量（或输出功率）远大于传声器送

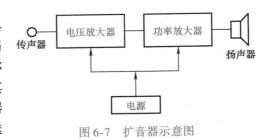

图 6-7　扩音器示意图

出的能量（或输入功率），并且放大的信号不失真。

放大电路放大的本质是能量的控制和转换；是在输入信号作用下，通过放大电路将直流电源的能量转换成负载所获得的能量，使负载从电源获得的能量大于信号源所提供的能量。因此，电子电路放大的基本特征是功率放大，即负载上总是获得比输入信号大得多的电压或电流。

放大的前提是不失真，即只有在不失真的情况下放大才有意义。晶体管是放大电路的核心器件，只有它们工作在合适的区域，才能使输出量与输入量始终保持线性关系，即电路不会产生失真。

放大器的种类：

1）按频率高低可分为低频放大器、中频放大器、高频放大器和直流放大器。

2）按用途可分为电压放大器、电流放大器和功率放大器。

2. 电路组成

图6-8为一个单管共发射极（共射）放大电路。它由晶体管、电阻、电容和直流电源组成，晶体管 VT（NPN 型）起电流放大作用，是整个电路的核心；直流电源 U_{CC} 作用有两个，一是为放大电路提供能量，二是保证晶体管发射结处于正向偏置、集电结处于反向偏置；R_B 为基极偏置电阻，为晶体管提供合适的电流（也称偏流），以保证放大电路处于合适的工作状态；集电极电阻 R_C 一方面给集电极提供合适的直流电位，另一方面通过它将集电极电流的变化转换成电压的变化，以实现电压放大；电容 C_1、C_2 叫隔直耦合电容，起传送交流信号、隔断直流信号的作用。该电路适合放大一定频率的信号，但不适合放大低频率信号。

3. 静态分析

当放大器没有输入信号（$u_i = 0$）时，电路中各处的电压、电流都是直流恒定值，称为直流工作状态或静止状态，简称静态。静态分析就是分析放大电路的直流工作情况，以确定晶体管放大电路的静态值（直流值）I_B、I_C、U_{BE}、U_{CE}，即静态工作点 Q。画直流通路时将电容 C_1、C_2 开路，如图6-9所示。

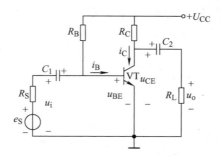 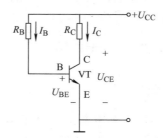

图6-8　单管共发射极放大电路　　　　图6-9　共发射极放大电路直流通路

静态分析通常采用两种方法：估算法和图解法。

（1）估算法

根据直流通路（图6-9）得

$$I_B = \frac{U_{CC} - U_{BE}}{R_B} \approx \frac{U_{CC}}{R_B} \tag{6-6}$$

$$U_{CE} = U_{CC} - R_C I_C \tag{6-7}$$

$$I_C = \bar{\beta} I_B \approx \beta I_B \tag{6-8}$$

其中 U_{BE}（硅管约为 $0.7V$）比 U_{CC} 小得多，可忽略不计。

例6-1　在图6-8中，已知 $U_{CC} = 12V$，$R_C = 4k\Omega$，$R_B = 300k\Omega$，$\bar{\beta} = 37.5$，试求放大电路静态值。

解： 根据直流通路可得

$$I_B \approx \frac{U_{CC}}{R_B} = \frac{12}{300 \times 10^3} A = 40\mu A$$

$$I_C = \bar{\beta} I_B = 37.5 \times 40\mu A = 1.5mA$$

$$U_{CE} = U_{CC} - R_C I_C = 12V - 4 \times 10^3 \times 1.5 \times 10^{-3} V = 6V$$

（2）图解法

在输入电路中，根据式（6-6）可知 I_B 和 U_{BE} 的关系是一条直线（称为偏置线），它可以由两个特定点来确定：当 $I_B = 0$ 时，$U_{BE} = U_{CC}$；当 $U_{BE} = 0$ 时，$I_B = U_{CC}/R_B$。另外 I_B 和 U_{BE} 的关系符合晶体管的输入特性曲线，故偏置线和输入特性曲线的交点 Q_B 就称为输入电路的静态工作点，如图6-10a 所示，静态工作点对应的基极电流为 I_B。

在输出电路中，根据式（6-7）可知 I_C 和 U_{CE} 的关系也是一条直线（称为直流负载线），它同样可以由两个特定点来确定：当 $I_C = 0$ 时，$U_{CE} = U_{CC}$；当 $U_{CE} = 0$ 时，$I_C = U_{CC}/R_C$。另外 I_C 和 U_{CE} 的关系符合晶体管的输出特性曲线，故直流负载线和输出特性曲线的交点 Q_C 就称为输出电路的静态工作点，如图6-10b 所示。

当 R_B 或 U_{CC} 变化时，Q_B 和 Q_C 的位置都要发生变化，即 I_B、I_C、U_{BE}、U_{CE} 都要变化。

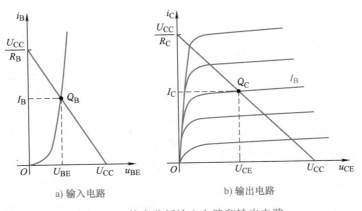

a) 输入电路　　　　　　　　b) 输出电路

图6-10　静态分析输入电路和输出电路

4. 动态分析

当放大电路有信号输入时，电路中各处的电压、电流都处于变动的工作状态，简称动态。动态分析就是分析输入信号变化时，电路中各种变化量的变动情况和相互关系。动态分析的主要方法有两种，为微变等效电路法和图解法。

（1）微变等效电路法

当输入信号较小且静态工作点选择合适时，可以把晶体管电路进行线性处理，这就是微变等效电路法。

所谓放大电路的微变等效电路，就是把非线性器件晶体管所组成的放大电路等效为一个线性电路。线性化的条件就是晶体管在小信号（微变量）下工作。

如何把晶体管线性化？

图 6-11a 是晶体管的输入特性曲线，是非线性的。但当输入信号很小时，在静态工作点 Q 附近的工作段可认为是直线。Δu_{BE} 与 Δi_B 之比称为晶体管的输入电阻，它表示晶体管的输入特性。当 U_{CE} 为常数时，在小信号的情况下，可用电压和电流的交流分量来代替，即 $r_{be} = \dfrac{\Delta u_{BE}}{\Delta i_B}\Big|_{U_{CE}} = \dfrac{u_{be}}{i_b}\Big|_{U_{CE}}$。在小信号的情况下，$r_{be}$ 是一常数，因此晶体管的输入电路可用 r_{be} 等效代替，如图 6-12 所示。

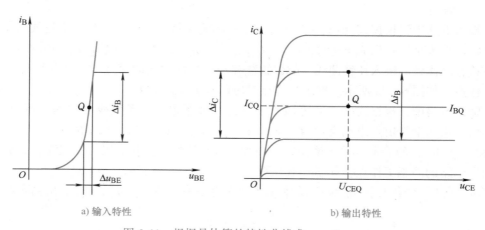

a) 输入特性　　　　　　　　　　　　b) 输出特性

图 6-11　根据晶体管的特性曲线求 r_{be}，β，r_{ce}

低频小功率晶体管的输入电阻常用下式进行估算：

$$r_{be} \approx 200\Omega + (\beta + 1)\frac{26\text{mV}}{I_E} \quad (6\text{-}9)$$

式中，I_E 是发射极电流的静态值，右边第一项常取 $100 \sim 300\Omega$，这里取 200Ω。r_{be} 一般为几百欧到几千欧。

图 6-11b 是晶体管的输出特性曲线组，在线性工作区是一组近似与横轴平行的直线。当 U_{CE} 为常数时，ΔI_C 与 ΔI_B

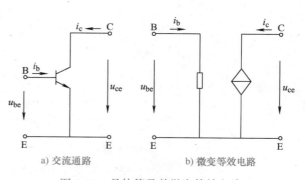

a) 交流通路　　　　　　　　b) 微变等效电路

图 6-12　晶体管及其微变等效电路

之比 $\dfrac{\Delta I_C}{\Delta I_B}\Big|_{U_{CE}} = \dfrac{i_c}{i_b}\Big|_{U_{CE}} = \beta$，即为晶体管的电流放大系数。在小信号条件下，$\beta$ 是一常数，因此晶体管的输出电路可用一受控源 $i_c = \beta i_b$ 代替，以表示晶体管的电流控制作用。当 $i_b = 0$ 时，$\beta i_b = 0$，所以它不是一个独立电源，而是受输入电流 i_b 控制的受控电源。

此外，在图 6-11b 中还可见到，晶体管的输出特性曲线不完全与横轴平行，当 I_B 为常数时，ΔU_{CE} 与 ΔI_C 之比 $r_{ce} = \dfrac{\Delta U_{CE}}{\Delta I_C} \Big|_{I_B} = \dfrac{u_{ce}}{i_c} \Big|_{I_B}$，即为晶体管的输出电阻，在小信号的条件下，$r_{ce}$ 也是一个常数。如果把晶体管的输出电路看作电流源，r_{ce} 也就是电源的内阻，故在等效电路中与受控电流源 βi_b 并联。由于 r_{ce} 的阻值很高，约为几十千欧到几百千欧，所以在后面的微变等效电路中都把它忽略不计。

图 6-12b 为晶体管的微变等效电路。

采用微变等效电路对放大电路进行动态分析时，应先画出与放大电路相对应的微变等效电路，然后按线性电路的一般分析方法进行求解。共发射极放大电路的交流通路如图 6-13a 所示，画交流通路的原则是：将原电路中直流电源 U_{CC} 短路，电容 C_1、C_2 短路。再把交流通路中的晶体管用它的微变等效电路代替，如图 6-13b 所示。

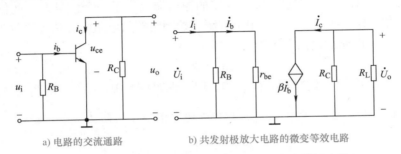

a) 电路的交流通路   b) 共发射极放大电路的微变等效电路

图 6-13 共发射极放大电路的交流通路及微变等效电路

下面对电路的动态指标进行定量分析。

1）电压放大倍数。电压放大倍数 A_u 是衡量放大电路对输入信号放大能力的主要指标，定义为输出电压的变化量 ΔU_o 与输入电压的变化量 ΔU_i 之比，即

$$A_u = \frac{\Delta U_o}{\Delta U_i}$$

当输入正弦信号时，可表示为

$$A_u = \frac{\dot{U}_o}{\dot{U}_i}$$

根据图 6-13 所示微变等效电路可得

$$A_u = \frac{\dot{U}_o}{\dot{U}_i} = -\frac{\beta R_C \dot{I}_b}{r_{be} \dot{I}_b} = -\frac{\beta R_C}{r_{be}} \tag{6-10}$$

式中，负号表示输出电压 $\dot{U}_o$ 与输入电压 $\dot{U}_i$ 反相。

放大电路的输出端通常接有负载电阻 R_L，如图 6-8 和图 6-13 所示，此时在交流通路中负载电阻 R_L 和集电极电阻 R_C 并联，其并联后的等效电阻为

$$R_L' = R_C /\!/ R_L = \frac{R_C R_L}{R_C + R_L}$$

故电路的放大倍数为

$$A_u = -\beta \frac{R'_L}{r_{be}} \tag{6-11}$$

2）输入电阻。当输入信号电压加到放大电路的输入端时，放大电路就相当于信号源的一个负载电阻，这个负载电阻就是放大电路本身的输入电阻，它定义为放大电路输入电压变化量与输入电流变化量之比，用符号 r_i 表示。当输入为正弦信号时，有

$$r_i = \frac{\dot{U}_i}{\dot{I}_i}$$

图 6-13 所示电路的输入电阻为 $\quad r_i = R_B // r_{be} \approx r_{be} \tag{6-12}$

通常 $R_B \gg r_{be}$，因此这类放大电路的输入电阻基本上等于晶体管的输入电阻，阻值很小。**注意**：r_i 和 r_{be} 意义不同，不得混淆。

3）输出电阻。对于负载来说，放大电路的输出端相当于一个信号源，此信号源的内阻就是放大电路的输出电阻 r_o。可以应用求有源二端网络等效电阻的方法计算放大电路的输出电阻。图 6-13 所示电路的输出电阻为

$$r_o \approx R_C \tag{6-13}$$

通常计算 r_o 时可将信号源短路（$U_i = 0$，但要保留信号源内阻），将 R_L 取去，在输出端加一交流电压 $\dot{U}_o$，以产生一个电流 $\dot{I}_o$，则放大电路的输出电阻为

$$r_o = \frac{\dot{U}_o}{\dot{I}_o}$$

例 6-2 图 6-8 中，$U_{CC} = 12V$，$R_B = 470k\Omega$，$R_C = 3k\Omega$，$R_L = 5.1k\Omega$，晶体管的 $U_{BE} = 0.7V$，$\beta = 80$，试求：①放大电路输出端不接负载时的电压放大倍数；②放大电路输出端接负载 R_L 时的电压放大倍数；③放大电路的输入电阻和输出电阻。

解：先求 r_{be}：

$$I_B = \frac{U_{CC} - U_{BE}}{R_B} = \frac{12 - 0.7}{470000}A = 0.024mA$$

$$I_E = (\beta + 1)I_B = 81 \times 0.024mA = 1.94mA$$

$$r_{be} = 200\Omega + (1 + \beta)\frac{26mV}{I_E} = \left(200 + 81 \times \frac{26}{1.94}\right)\Omega = 1.286k\Omega$$

① 不接 R_L 时的电压放大倍数为

$$A_u = -\beta \frac{R_C}{r_{be}} = -80 \times \frac{3000}{1286} = -186.6$$

② 接入 R_L 时的等效负载电阻为

$$R'_L = \frac{R_C R_L}{R_C R_L} = \frac{3 \times 5.1}{3 + 5.1}k\Omega = 1.89k\Omega$$

电压放大倍数为

$$A_u = -\beta \frac{R'_L}{r_{be}} = -80 \times \frac{1.89}{1.286} = -177.6$$

③ 输入电阻为

$$r_i = \frac{R_B r_{be}}{R_B + r_{be}} = \frac{470 \times 1.286}{470 + 1.286} k\Omega = 1.28 k\Omega$$

输出电阻为

$$r_o \approx R_C = 3 k\Omega$$

（2）图解法

当电路有输入信号 u_i 时，对于输入电路，基射极间电压 u_{BE} 可以认为是由直流分量 U_{BE} 和交流分量 u_{be} 叠加而成；同理，基极电流 i_B 也是由直流分量 I_B 和交流分量 i_b 叠加而成，如图 6-14 和图 6-15 所示。

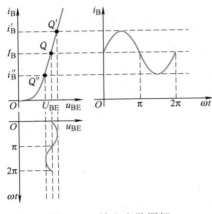

图 6-14　输入电路图解

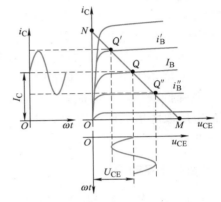

图 6-15　输出电路图解

其中，直流分量就是由直流电源 U_{CC} 建立起来的静态工作点 Q，而交流分量则是输入信号 u_i 引起的。为了便于区分，通常直流分量用大写字母和大写下标表示，交流分量用小写字母和小写下标表示，总的电压、电流瞬时值用小写字母和大写下标表示。于是有

$$u_{BE} = U_{BE} + u_i \tag{6-14}$$
$$i_B = I_B + i_b \tag{6-15}$$
$$i_C = I_C + i_c \tag{6-16}$$
$$u_{CE} = U_{CE} + u_{ce} \tag{6-17}$$

由于电容的隔直和交流耦合作用，u_{CE} 中的直流分量 U_{CE} 被电容 C_2 隔断，而交流分量 u_{ce} 则可经 C_2 传送到输出端，故输出电压为

$$u_o = u_{CE} - U_{CE} \tag{6-18}$$

如果忽略耦合电容 C_1、C_2 对交流分量的容抗和直流电源 U_{CC} 的内阻，即认为 C_1、C_2 和直流电源对交流信号不产生压降，可视为短路，就可以画出只考虑交流分量传递路径的交流通路，如图 6-12 所示。由图可见，晶体管集射极间电压的交流分量为

$$u_{ce} = -R_C i_c \tag{6-19}$$

综上所述，可以总结以下几点：

1）无输入信号时，晶体管的电流、电压都是直流量。当放大电路输入信号电压后，i_B、i_C、u_{CE} 都在原来静态值（直流量）的基础上叠加了一个交流量。虽然 i_B、i_C 和 u_{CE} 的瞬时值是变化的，但它们的方向始终是不变的。

2）输出电压 u_o 为与 u_i 同频率的正弦波，且输出电压 u_o 的幅度比输入电压 u_i 大得多。

3）电流 i_b、i_c 与输入电压 u_i 同相，而输出电压 u_o 与输入电压 u_i 反相，即共发射极放大电路具有倒相作用。

4）静态工作点的选择必须合适。若选得过高，如图 6-16 所示的 Q' 点，则输入信号较大时，在 u_i 的正半周，晶体管很快进入饱和区，输出波形就产生失真，如图中的 i_C' 和 u_o' 波形，这种失真称为饱和失真；若选得过低，如图 6-16 所示的 Q'' 点，则在输入信号的负半周，i_B 波形出现失真，晶体管进入截止区，输出波形也产生失真，如图中的 i_C'' 和 u_o'' 波形，这种失真称为截止失真。为了得到最大不失真输出，静态工作点应选择在适当的位置，输入信号 u_i 的大小也要合适。当输入信号幅度不大时，为了降低直流电源的能量消耗及降低噪声，在保证不产生截止失真和一定的电压放大倍数的前提下，可把 Q 点选择得低一些。

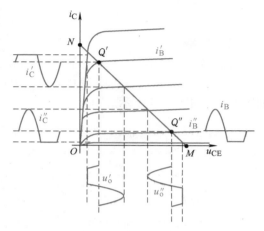

图 6-16　工作点与波形失真

5. 静态工作点的稳定

前面说过，放大电路应有合适的静态工作点，以保证有较好的放大效果，并且不引起非线性失真。但由于某些原因，例如温度的变化，将使集电极电流的静态值 I_C 发生变化，从而影响静态工作点的稳定性，使得此静态工作点会移动，甚至移动到不合适的位置从而产生截止失真或饱和失真，使得放大电路无法正常工作。如果当温度升高后偏置电流 I_B 能自动减小以限制 I_C 的增大，静态工作点就能基本稳定。

上面所讲的放大电路（图 6-8）称为固定偏置放大电路，它不能稳定静态工作点。为此，常用图 6-17 所示的分压偏置放大电路，其中 R_{B1} 和 R_{B2} 构成偏置电路。图 6-18 为其直流通路，当 R_{B1} 和 R_{B2} 取值适当时，使 $I_1 \gg I_B$（即 $I_1 \approx I_2$），则基极对地电压为

$$U_B \approx \frac{R_{B2}}{R_{B1} + R_{B2}} U_{CC} \tag{6-20}$$

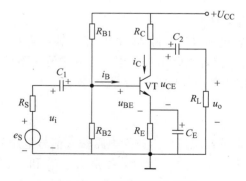

图 6-17　分压偏置放大电路

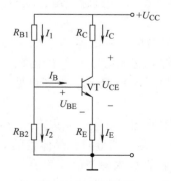

图 6-18　直流通路

即可认为 U_B 与晶体管的参数无关，不受温度影响，而仅由 R_{B1} 和 R_{B2} 的分压电路所固定。引入发射极电阻 R_E 后可列出：

$$I_E = \frac{U_B - U_{BE}}{R_E} \approx \frac{U_E}{R_E} \tag{6-21}$$

当 U_B、R_E 一定，且 $U_B \gg U_{BE}$ 时，I_E 就基本不变，且与晶体管的参数 β、U_{BE} 几乎无关，很少受温度影响，当换用不同的晶体管时，静态工作点也可以近似不变，只取决于外电路参数。

此电路稳定静态工作点过程：当 I_C 由于某种原因增加时，I_E 也增加，发射极对地电压 $U_E = R_E I_E$ 就升高，使外加于晶体管的 U_{BE} 减小（因 $U_{BE} = U_B - U_E$，而 U_B 被 R_{B1} 和 R_{B2} 固定了），从而使 I_B 自动减小，抑制了 I_C 的增加，达到了稳定 I_C 的目的。要使静态工作点稳定，必须要 $I_1 \gg I_B$、$U_B \gg U_{BE}$，一般可选取：

硅管：$I_1 = (5 \sim 10)I_B$，$U_B = 3 \sim 5\text{V}$

锗管：$I_1 = (10 \sim 20)I_B$，$U_B = 1 \sim 3\text{V}$

为使 R_E 对输入的交流信号不起作用，可在 R_E 两端并联一容量足够大（一般为几十微法）的电容器 C_E，使 X_{CE}（集射极间等效电抗）$\ll R_E$。这样，R_E 只起稳定静态工作点的作用，而对交流信号，由于 C_E 的容抗很小，R_E 相当于被短路，C_E 称为发射极旁路电容。

6.2.2 共集放大电路

从共射放大电路的分析中可以体会到，当晶体管在输入信号整个周期内均工作在放大状态时，不但维持着输出电压与输入电压的线性关系，而且通过基极电流对集电极电流的控制作用，实现了能量的转换，使负载电阻从直流电源 U_{CC} 中获得比信号源提供的大得多的输出信号功率。共射放大电路既实现了电流放大，又实现了电压放大。实际上，一个放大电路仅能放大电流或仅能放大电压，都能实现功率的放大。共集放大电路以集电极为公共端，通过基极电流对集电极电流的控制作用实现功率放大。

1. 电路组成

图 6-19 所示为共集放大电路，图中 u_S 和 R_S 是信号源的源电压及内阻。图 6-20 所示为电路的交流通路，集电极是输入和输出回路的公共端，故称共集放大电路；图 6-21 所示为直流通路，直流电源为 U_{CC}。

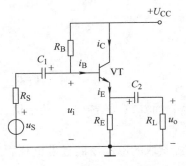

图 6-19 共集放大电路

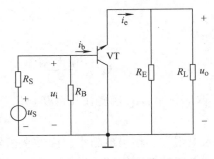

图 6-20 交流通路

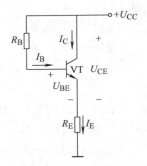

图 6-21 直流通路

交流信号 u_i 输入时，产生动态的基极电流 i_b，通过晶体管得到放大了的发射极电流 i_e，其交流分量 i_e 在发射极电阻 R_E 上产生的交流电压即为输出电压 u_o。由于输出电压是从发射极获得的，故也称共集放大电路为射极输出器。

2. 静态分析

在图 6-21 所示直流通路中，列出输入回路的方程，即

$$U_{CC} = I_B R_B + U_{BE} + I_E R_E = I_B R_B + U_{BE} + (1 + \beta) I_B R_B \tag{6-22}$$

则
$$I_B = \frac{U_{CC} - U_{BE}}{R_B + (1 + \beta) R_E} \tag{6-23}$$

$$I_E = (1 + \beta) I_B \tag{6-24}$$

$$U_{CE} = U_{CC} - I_E R_E \tag{6-25}$$

3. 动态分析

（1）电压放大倍数

由图 6-20 所示交流通路可得电压放大倍数为

$$A_u = \frac{\dot{U}_o}{\dot{U}_i} = \frac{(1 + \beta) R_L'}{r_{be} + (1 + \beta) R_L'} \tag{6-26}$$

式中，$R_L' = R_L /\!/ R_E$。

式（6-26）表明，A_u 大于 0 且小于 1，即 u_o 与 u_i 同相且 $u_o < u_i$。当 $(1 + \beta) R_L' \gg r_{be}$ 时 $A_u \approx 1$，即 $u_o \approx u_i$，故常称共集放大电路为射极跟随器。虽然 $A_u < 1$，电路无电压放大能力，但是输出电流 i_E 远大于输入电流 i_B，所以电路仍有功率放大作用。

（2）输入电阻

根据输入电阻 r_i 的物理意义得

$$r_i = \frac{\dot{U}_i}{\dot{I}_i} = R_B /\!/ [r_{be} + (1 + \beta) R_L'] \tag{6-27}$$

可见，共集放大电路的输入电阻比共射放大电路的输入电阻大得多，可达几十千欧到几百千欧。

（3）输出电阻

输出电阻 r_o 为

$$r_o = R_E /\!/ \frac{R_B + r_{be}}{1 + \beta} \tag{6-28}$$

由于通常情况下，R_B 取值较小，r_{be} 也多在几百欧到几千欧，而 β 放大倍数至少几十倍，因此，输出电阻一般较小。

因为共集放大电路输入电阻大、输出电阻小，因而从信号源索取的电流小而且带负载能力强，所以常用于多级放大电路的输入级和输出级；也可用它连接两电路，减少电路间直接连接所带来的影响，起缓冲作用。

6.3 集成运算放大电路

【学习目标】

1）了解差动放大电路的相关概念、工作原理及典型差动放大电路分析。
2）了解互补对称放大电路的放大要求及类型。
3）掌握集成运算放大器的符号、特性、输入方式及主要参数。
4）掌握集成运算放大器的在模拟信号运算方面的应用。

【知识内容】

6.3.1 差动放大电路

1. 多级放大电路耦合

在实际应用中，要把一个微弱的信号放大到需要的数值，通常要把若干级放大器连接起来，构成多级放大器，将信号逐级放大。两级放大器之间的连接称为级间耦合。多级放大电路常见的耦合方式：阻容耦合、变压器耦合、直接耦合。

阻容耦合是通过电容器将前级的交流信号传送到后级，如图 6-22 所示。这种放大电路的低频特性差，不能放大直流信号，适合放大高频交流信号，交流信号可通过电容器从前级传送到后级。阻容耦合将使前后两级的工作点互不影响相互独立，在求解或实际调试静态工作点 Q 时可按单级处理，所以电路的分析、设计和调试简单易行。但是，在集成电路中制造大电容很困难，所以这种耦合方式不便于集成应用，在分立元器件电路中则广泛使用。

变压器耦合是利用变压器把前、后级连接起来，通过电磁感应将前级的交流信号传送到后级，如图 6-23 所示。它只能传递交流信号而不能传递直流信号或变化缓慢的信号。在集成电路工艺中，也难以制造电感和大容量的电容元件。因此在集成运放中多采用直接耦合，如图 6-24 所示。

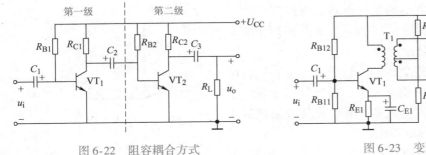

图 6-22 阻容耦合方式　　　　　　图 6-23 变压器耦合方式

直接耦合是把前后级电路直接用导线连接起来。直接耦合方式电路结构简单，可以使信号不受损耗地从前级传送给后级，且交流信号和直流信号都可传送，但前后级之间静态工作点相互影响，这是在设计电路时必须考虑解决的问题。直接耦合电路的主要问题是零点漂移现象。对一个电压放大倍数很高的多级直接耦合放大电路，由于晶体管特性、参数随温度变化或电源电压不稳定等，即使输入端短路，在输出端也会出现电压波动，即输出端电压不为零且缓慢变化，这种现象称为零点漂移。在多

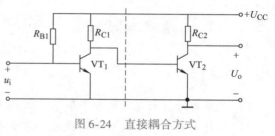

图 6-24　直接耦合方式

级直接耦合放大电路中，由于输入级本身的波动会因直接耦合而逐级放大，因此当放大电路有输入信号时，这种电压波动会与有用信号混合而无法辨别，严重时使放大电路丧失工作能力。

　　为了减小直接耦合放大电路的零点漂移的影响，工程上除了采用高质量的电路元器件和高稳定性的电源外，常采用温度补偿电路、信号调制放大等方法或从电路结构上采取措施。

2. 差动放大电路的引入

（1）零点漂移现象产生的原因

　　在放大电路中，任何参数的变化，如电源电压的波动、元器件的老化、半导体器件参数随温度变化而产生的变化，都将使输出电压发生漂移。采用高质量的稳压电源就可以大大减小由此而产生的漂移。温度变化引起的半导体器件参数的变化是产生零点漂移的主要原因，因而也称零点漂移为温度漂移，简称零漂或温漂。

（2）抑制零漂的方法

　　对于直接耦合放大电路，如果不采取措施抑制零点漂移，其他方面的性能再优良，也不能成为实用电路。从某种意义来讲，零点漂移就是静态工作点 Q 的漂移，目前抑制零漂比较有效的实用方法是采用差动放大电路，它可以使零漂减小到微伏数量级，因而被广泛应用。

3. 差动放大电路的原理分析

（1）差动放大电路的电路图和特点

　　差动放大电路是由典型的工作点稳定电路演变而来的。基本差动放大电路如图 6-25 所示，它是由两个完全对称的单管放大电路组合而成的。

　　该电路左右侧参数完全相同，管子特性也相同，电路以两只管子集电极电位差为输出，当外界因素发生变化时，两管静态值同时发生漂移，其变化量差值就等于零，起到了克服温度漂移的作用。

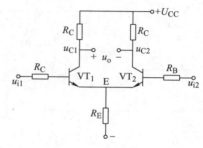

图 6-25　基本差动放大电路

　　1）对共模信号的抑制作用。输入信号 u_{i1} 和 u_{i2} 大小相等，极性相同，即 $u_{i1} = u_{i2}$，称为一组共模信号。此时输出信号等于零。由图 6-26 可知，共模信号的输入使两管集电极电位有相同的变化。

理想状态下，电路参数对称，温度变化时管子的电流变化完全相同，故电路中的零点漂移可用输入端施加共模信号来模拟。因此差动放大电路对共模信号没有放大作用。

2）对差模信号的放大作用。输入信号 u_{i1} 和 u_{i2} 大小相等，极性相反，即 $u_{i1} = -u_{i2}$ 称为一组差模信号。如图6-27所示，我们看到，对于这种信号，差动电路能进行放大，那么它的放大倍数又是多少呢？我们来理论分析下。

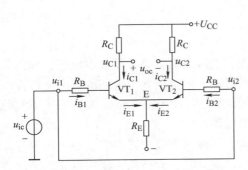

图6-26　差动放大电路加共模信号

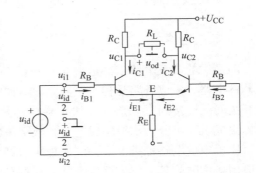

图6-27　差动放大电路加差模信号

（2）技术指标计算

差模电压放大倍数定义为差模输出电压和差模输入电压的比值，即

$$A_{ud} = \frac{\Delta u_{od}}{\Delta u_{id}} = \frac{2u_{C1}}{2u_{i1}} = -\frac{\beta\left(R_C /\!/ \frac{1}{2}R_L\right)}{R_B + r_{be}} \tag{6-29}$$

输入输出电阻为

$$r_{id} = 2(R_B + r_{be}) \tag{6-30}$$

共模抑制比 K_{CMR} 定义为差模电压放大倍数 A_{ud} 和共模电压放大倍数 A_{cd} 的比值，即 $K_{CMR} = \dfrac{A_{ud}}{A_{cd}}$。

显然差模电压放大倍数越大，共模电压放大倍数越小，则共模抑制比越大，差动放大电路的性能越好。

6.3.2　互补对称电路

集成运算放大器的输出级通常采用互补对称电路。在图6-28所示电路中，VT_1 和 VT_2 的特性相同，VD_1、VD_2 和 R_1、R_2 组成偏置电路（VD_1 和 VD_2 特性相同，$R_1 = R_2$），在 VD_1、VD_2 上的电压 U_{ab} 作为 VT_1 和 VT_2 的发射结偏置电压，即 $U_{ab} = U_{BE1} + (-U_{BE2})$。通常 U_{BE} 仅略大于死区电压，VT_1 和 VT_2 的静态基极电流较小。在输入信号 $u_i = 0$（即静态）时，两管的发射极对地电位 $U_E = 0$，故负载上无电压。在输入信号 $u_i \neq 0$（即动态）时，若 u_i 为正，则 VT_1 导通，VT_2 截止，电流由 $+U_{CC} \to VT_1 \to R_L$ 形成回路，使输出电压 u_o 为正；若 u_i 为负，则 VT_2 导通，VT_1 截止，电流由 $-U_{CC} \to R_L \to VT_2$ 形成回路，使 u_o 为负。可见，在 u_i 正、负极性变化时，

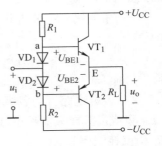

图6-28　互补对称电路

VT$_1$、VT$_2$轮流导通，形成互补，使负载上合成一个与 u_i 相应的波形，且两管的工作情况完全对称，所以称这种电路为互补对称电路。

互补对称电路结构对称，采用正、负对称电源，静态时无直流电压输出，故负载可直接接到发射极，实现了直接耦合，在集成电路中得到了广泛的应用。

6.3.3 集成运算放大器

1. 集成电路

前面讲的放大电路，都是由互相分开的晶体管、电阻、电容等元器件组成的，称为分立元器件电路。集成电路是相对于分立元器件电路而言的，就是把整个电路的各个元器件以及相互之间的连接同时制造在一块半导体芯片上，组成一个不可分割的整体。按其功能的不同，集成电路可分为模拟集成电路和数字集成电路两种。

模拟集成电路种类很多，例如集成运算放大器、集成功率放大器、集成稳压器等等。其中应用最广的就是集成运算放大器，它具有体积小、重量轻、价格低、使用可靠、灵活方便及通用性强等优点，在检测、自动控制、信号产生与处理等方面获得了广泛应用，有"万能放大器"的美称。

2. 集成运算放大器简介

集成运算放大器是一种具有很高的电压放大倍数、性能优越、集成化的多级放大器，简称集成运放或运放。

集成运算放大器基本组成：输入级、中间级、输出级、偏置电路，如图 6-29 所示。

图 6-29 集成运算放大器基本组成

1）输入级：运算放大器的关键部分，由差动放大电路构成。差动放大电路由完全相同的两个电路对称组成，它的输入电阻很高，能有效地放大有用信号，抑制干扰信号。

2）中间级：一般由共射放大电路构成，提供足够的电压放大倍数，将电压放大到所需的值。

3）输出级：一般由互补对称式功率放大器构成。互补对称式功率放大器是由射极输出器发展而来的，它的输出电阻低，能输出较大的功率推动负载。

4）偏置电路：为各级放大电路设置稳定的合适的静态工作点和提供恒流源。

集成运算放大器除了这四个主要部分外，通常根据实际需要还可以设置外接调零电路和 R_C 相位补偿环节。

3. 集成运算放大器的图形符号及信号输入方式

集成运算放大器产品型号较多，内部电路也较复杂，但基本结构类似。集成运算放大器有两个输入端和一个输出端，其图形符号如图 6-30 所示。
图中 u_- 端称为反相输入端，用"－"号表示，当输入信号
从反相输入端输入时，输出信号与输入信号反相；u_+ 端称
为同相输入端，用"＋"号表示，当输入信号从同相输入
端输入时，输出信号与输入信号同相；u_o 为输出端。集成
运算放大器在使用时，通常需加正、负电源，图中正、负
电源端未画出。

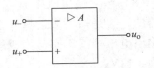

图 6-30　集成运算放大器的符号

　　集成运算放大器在实际使用时，其信号有三种基本输入方式：若同相输入端接地，信号
从反相输入端与地之间输入，称为反相输入方式；若反相输入端接地，信号从同相输入端与
地之间输入，称为同相输入方式；若信号从两输入端之间输入或两输入端都有信号输入，称
为差分输入方式。

4. 集成运算放大器的主要参数

　　要正确地选用集成运算放大器，必须了解其主要参数，现介绍如下：

　　(1) 输入失调电压 U_{IO}

　　U_{IO} 是指为使输出电压为零而在输入端需加的补偿电压。它的大小反映了输入级电路的
对称程度和电位配合情况，一般为毫伏数量级。

　　(2) 输入失调电流 I_{IO}

　　I_{IO} 是指集成运算放大器两输入端的静态电流之差，即 $I_{IO} = I_{IB+} - I_{IB-}$。它主要由输入
级差分对管的特性不完全对称所致，一般为纳安数量级。

　　(3) 输入偏置电流 I_{IB}

　　I_{IB} 是指集成运放两输入端静态电流的平均值，即 $I_{IB} = (I_{IB+} + I_{IB-})/2$。其值一般为纳
安或微安数量级。

　　(4) 开环差模电压放大倍数 A_o

　　A_o 是指集成运算放大器的输出端与输入端之间无外接回路（称开环）时的输出电压大
小与两输入端之间的信号电压大小之比，也称开环电压增益，常用分贝（dB）表示，定
义为

$$A_o = 20\lg\left(\frac{U_o}{U_i}\right)$$

常用集成运算放大器的开环电压增益一般为 80～140dB。

　　(5) 最大差模输入电压 $U_{id(max)}$

　　$U_{id(max)}$ 是指集成运算放大器两输入端之间所能承受的最大电压值。超过此值，输入级
差分对管中某个晶体管的发射结将反向击穿，从而使集成运算放大器性能变差，甚至损坏。

　　(6) 最大共模输入电压 $U_{ic(max)}$

　　$U_{ic(max)}$ 是指集成运算放大器所能承受的共模输入电压最大值。超过此值，将会使输入
级工作不正常和共模抑制比下降，甚至损坏。

　　(7) 共模抑制比 K_{CMR}

　　集成运算放大器的共模抑制比 K_{CMR} 一般为 70～130dB。

（8）最大输出电压 $U_{o(max)}$

$U_{o(max)}$ 是指集成运算放大器在额定电源电压和额定负载下，不出现明显非线性失真的最大输出电压峰值。它与集成运算放大器的电源电压值有关，如电源电压为 $\pm 15V$，则 $U_{o(max)}$ 约为 $\pm 13V$。

（9）最大输出电流 $I_{o(max)}$

$I_{o(max)}$ 是指集成运算放大器在额定电源电压下达到最大输出电压时所能输出的最大电流。通用型集成运放的 $I_{o(max)}$ 一般为几至几十毫安。

（10）输入电阻 r_i 和输出电阻 r_o

集成运算放大器的输入电阻 r_i 是从集成运算放大器的两个输入端看进去的等效电阻。输入电阻 r_i 一般为 $10^5 \sim 10^{11}\Omega$，当输入级采用场效应晶体管时，可达 $10^{11}\Omega$ 以上。

集成运算放大器的输出电阻 r_o 是从集成运算放大器输出端看进去的等效电阻。输出电阻一般为几十至几百欧。

5. 集成运算放大器的电压传输特性

集成运算放大器的电压传输特性是指开环时输出电压与输入电压的关系曲线，即 $u_o = f(u_i)$。集成运算放大器的电压传输特性如图6-31所示，它有一个线性区和两个饱和区。

1）在线性区工作时（$U_i^- < u_i < U_i^+$），输出电压 u_o 与两输入端之间的电压 u_i 呈线性关系，即

$$u_o = A_o u_i = A_o(u_+ - u_-) \qquad (6-31)$$

式中，u_+、u_- 分别是同相输入端和反相输入端的对地电压。

2）在饱和工作区时（$u_o \geq U_o^+$ 或 $u_o \leq U_o^-$），其中 U_o^+ 和 U_o^- 分别为输出正饱和电压和输出负饱和电压，其绝对值分别略低于正、负电源电压。

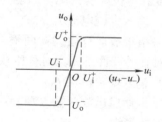

图6-31 集成运算放大器的电压传输特性

6. 集成运算放大器的理想特性

集成运算放大器是一类比较理想的电压放大器件，其放大倍数可达几万到几十万；输入电阻大，一般为几百千欧到几兆欧；输出电阻较低，在几百欧以下。因此，在实际应用中可将集成运算放大器理想化，即近似认为：

1）开环电压放大倍数 $A_o \to \infty$。

2）输入电阻 $r_i \to \infty$。

3）输出电阻 $r_o \to \infty$。

4）共模抑制比 $K_{CMR} \to \infty$。

理想运算放大器的电压传输特性如图6-32所示，其运算放大器线性区的工作特点：

1）"虚短"：集成运算放大器同相输入端和反相输入端的电位近似相等。此时电路开环电压放大倍数 A_o 很大，$A_o \to \infty$，输出电压 u_o 为有限值，输入电压 $u_i = u_+ - u_- = \dfrac{u_o}{A_o} \approx 0$，两输入端近似短路，因此电路称为"虚短"。

2）"虚断"：集成运算放大器同相输入端和反相输入端的电流趋于零，此时集成运算放大器的输入电阻 r_i 很大，$i_- = i_+ \approx 0$，两输入端近似断路，因此电路称为"虚断"。

理想运算放大器饱和区的工作特点：

当集成运算放大器引入正反馈或处在开环状态时，只要在输入端输入很小的电压变化量，输出端输出的电压即为正最大输出电压 U_o^+ 或负最大输出电压 U_o^-。

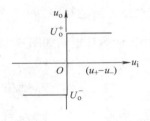

图6-32 理想运算放大器的电压传输特性

1）当 $u_+ < u_-$，$u_o = U_o^-$。

2）当 $u_+ > u_-$，$u_o = U_o^+$。

"虚断"的条件原则上仍成立，$i_- = i_+ \approx 0$；"虚短"的原则上不成立，$u_+ \neq u_-$。

后面集成运算放大器都视为理想运算放大器分析。

6.3.4 集成运算放大器在模拟信号运算方面的应用

1. 反相比例运算电路

所谓"比例运算"：就是输出电压 u_o 与输入电压 u_i 之间具有线性比例关系，即 $u_o = Ku_i$。当比例系数 $K > 1$ 时，即为放大电路。

如果输入信号从反相输入端引入，便是反相运算。

图6-33 是反相比例运算电路。输入信号 u_i 经输入端电阻 R_1 送到反相输入端，而同相输入端通过电阻 R_2 接地，反馈电阻 R_F 跨接在输出端和反相输入端之间。

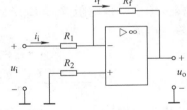

图6-33 反相比例运算电路

根据集成运算放大器线性区工作特点可知：$i_i \approx i_f$；$u_- \approx u_+ = 0$，处于"虚地"状态，因此有

$$u_o = u_- - R_f i_f \approx -R_f i_f \tag{6-32}$$

$$i_f = i_i - i_- \approx i_i = \frac{u_i - u_-}{R_1} \approx \frac{u_i}{R_1} \tag{6-33}$$

故有

$$u_o = -\frac{R_f}{R_1} u_i \tag{6-34}$$

闭环电压放大倍数为

$$A_{uf} = \frac{u_o}{u_i} = -\frac{R_f}{R_1} \tag{6-35}$$

式（6-35）表明，输出电压 u_o 与输入电压 u_i 是比例运算关系。其比值是由电阻 R_f 和 R_1 决定的，而与集成运算放大器本身参数无关，式中负号表示 u_o 和 u_i 反相，通常 R_f 和 R_1 的取值范围为 $1k\Omega \sim 1M\Omega$。若上式中 $R_f = R_1$ 则 $u_o = -u_i$ 或 $A_{uf} = -1$，表明输出电压 u_o 与输入电压 u_i 大小相等，相位相反，故此时电路称为反相器。

2. 同相比例运算电路

同相比例运算电路如图 6-34 所示，得出

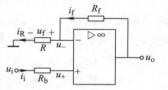

$$u_- \approx u_+ = u_i - R_b i_i \approx u_i$$

$$u_o = u_- + R_f i_f = u_i + R_f i_f$$

$$i_f \approx i_R = \frac{u_-}{R} \approx \frac{u_i}{R}$$

图 6-34　同相比例运算电路

因此

$$u_o = u_i + \frac{R_f}{R} u_i = \left(1 + \frac{R_f}{R}\right) u_i \tag{6-36}$$

可见比例系数为

$$K = 1 + \frac{R_f}{R}$$

闭环电压放大倍数为

$$A_{uf} = \frac{u_o}{u_i} = 1 + \frac{R_f}{R}$$

若使电路的 $R_f = 0$ 或 $R = \infty$，则 $u_o = u_i$，$A_{uf} = 1$，此时输出电压 u_o 与输入电压 u_i 大小相等、相位相同，故此电路称为电压跟随器。

3. 加法运算电路

如果在反相输入端增加若干输入电路，则构成反相加法运算电路。图 6-35 所示为具有两个输入信号的加法运算电路。图中平衡电阻 $R_b = R_1 /\!/ R_2 /\!/ R_f$。由于理想运算放大器输入电流 $i_- \approx 0$，故

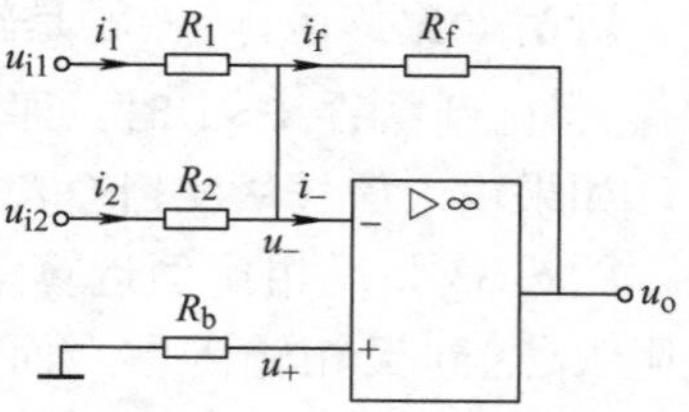

$$i_1 + i_2 = i_f \tag{6-37}$$

$$\frac{u_{i1} - u_-}{R_1} + \frac{u_{i2} - u_-}{R_2} = \frac{u_- - u_o}{R_f} \tag{6-38}$$

图 6-35　加法运算电路

由于"虚地"，即 $u_- \approx u_+ = 0$，因此有

$$\frac{u_{i1}}{R_1} + \frac{u_{i2}}{R_2} = -\frac{u_o}{R_f} \tag{6-39}$$

$$u_o = -\left(\frac{R_f}{R_1} u_{i1} + \frac{R_f}{R_2} u_{i2}\right) \tag{6-40}$$

上式表示输出电压等于各输入电压按不同比例相加。

若 $R_1 = R_2 = R$，则

$$u_o = -\frac{R_f}{R}(u_{i1} + u_{i2}) \tag{6-41}$$

即表示输出电压与各输入电压之和成比例。

若 $R_1 = R_2 = R_f$，则

$$u_o = -(u_{i1} + u_{i2}) \tag{6-42}$$

加法运算电路不限于两个输入，它可实现多个输入信号相加。加法运算电路的输入信号也可以从同相输入端输入，但由于运算关系和平衡电阻的选取比较复杂，并且同相输入时集成运算放大器的两输入端承受共模电压（不允许超过集成运算放大器的最大共模输入电压），因此一般很少使用同相输入的加法运算电路。

4. 减法运算电路

图 6-36 所示电路有两个输入信号 u_{i1} 和 u_{i2}，其中 u_{i1} 经 R_1 加于反相输入端，u_{i2} 经 R_2、R_3 分压后加在同相输入端。输出电压 u_o 经 R_f 反馈至反相输入端，构成电压负反馈，使集成运算放大器工作在线性区。因此输出电压 u_o 可由 u_{i1} 和 u_{i2} 分别作用产生的输出电压叠加而得。

当只有 u_{i1} 作用时（令 $u_{i2}=0$），即为反相输入比例运算电路，由式(6-34) 得此时的输出电压

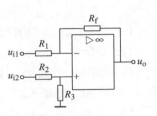

$$u_o' = -\frac{R_f}{R_1}u_{i1} \qquad (6\text{-}43)$$

当只有 u_{i2} 作用时（令 $u_{i1}=0$），类似同相比例运算电路，由式(6-36) 得此时的输入电压

图 6-36　减法运算电路

$$u_o'' = \frac{R_1+R_f}{R_1}u_+ = \frac{R_1+R_f}{R_1}\frac{R_3}{R_2+R_3}u_{i2} \qquad (6\text{-}44)$$

因此当 u_{i1} 和 u_{i2} 共同作用时，输出电压

$$u_o = u_o' + u_o'' = -\frac{R_f}{R_1}u_{i1} + \frac{R_1+R_f}{R_1}\frac{R_3}{R_2+R_3}u_{i2} \qquad (6\text{-}45)$$

为使集成运算放大器两个输入端的外接电阻平衡，常取 $R_i = R_2$，$R_3 = R_f$，则式(6-45) 简化为

$$u_o = \frac{R_f}{R_1}(u_{i2}-u_{i1}) \qquad (6\text{-}46)$$

可见，输出电压 u_o 与两输入电压之差成正比，这种输入方式便是差分输入方式，故此电路称为差分输入运算电路或差值放大电路。若使式(6-46) 中的 $R_1 = R_f$，则有

$$u_o = u_{i2} - u_{i1} \qquad (6\text{-}47)$$

此时电路便成为减法运算电路。

图 6-36 所示电路中集成运算放大器的两输入端也存在共模电压，其值 $u_c = u_+ = \dfrac{R_3}{R_2+R_3}u_{i2}$，此电压不能超过集成运算放大器所能承受的最大共模输入电压 $U_{ic(max)}$。

习　题　6

1. 晶体管的基本结构和放大原理是什么？
2. 晶体管输出特性曲线有哪三种工作状态？每种工作状态的特性是什么？
3. 晶体管的发射极和集电极是否可以调换使用？为什么？

4. 晶体管实现电流放大的内部和外部条件分别是什么？

5. 有两个晶体管，一个管子 $\bar{\beta} = 50$，$I_{CBO} = 0.5\mu A$；另一个管子 $\bar{\beta} = 150$，$I_{CBO} = 2\mu A$。如果其他参数一样，选用哪个管子好？为什么？

6. 对共发射极放大电路，画直流通路和交流通路的原则是什么？

7. 什么是静态工作点？静态工作点对放大电路有什么影响？

8. 分析放大电路有哪几种方法？几种方法分别有什么特点？

9. 放大电路存在哪两类非线性失真？

10. 多级放大电路有哪些耦合方式？各有什么特点？

11. 差分放大电路的结构特点是什么？差分放大电路是怎样抑制零点漂移的？

12. 如图 6-37 所示，已知 $I_C = 1.5mA$，$U_{CC} = 12V$，$\beta = 37.5$，$r_{be} = 1k\Omega$，输出端开路，若 $A_u = -150$，忽略 U_{BE}，求该电路的 R_B 和 R_C 的值。

13. 试画出图 6-38 所示几个电路的直流通路和交流通路，判断电路是否有放大作用？

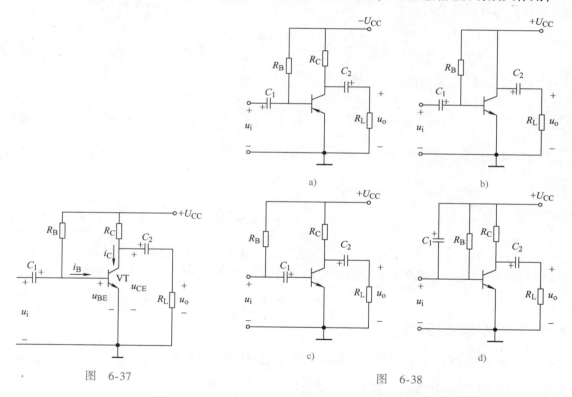

图 6-37

图 6-38

14. 如图 6-37 所示，设晶体管的 $\beta = 50$，$U_{BE} = 0.7V$，$U_{CC} = 12V$，$R_B = 280k\Omega$，$R_C = R_L = 3k\Omega$。试求（1）用估算法确定静态工作点 I_B，I_C，U_{CE}；（2）用微变等效电路法求电路的电压放大倍数 A_u、输入电阻 r_i、输出电阻 r_o。

15. 什么叫"虚短"？什么叫"虚断"？什么叫"虚地"？"虚地"与平常所说的接地有何区别？若将虚地点接地，运算放大器还能正常工作吗？

16. 直接耦合放大电路存在的问题有哪些？防治的方法有哪些？

17. 电路如图 6-39a 所示，输入信号 u_{i1}、u_{i2} 波形已知（见图 6-39b），试画出与其对应的输出信号 u_o 的波形。已知 $R_1 = R_2 = R_f$。

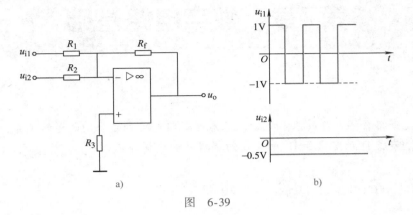

a) b)

图　6-39

第7章　数字电路基础

【知识点】

本章主要介绍数字电路的基本概念，基本逻辑门电路和复合门的逻辑关系、符号、真值表与表达式，集成 D 触发器和 JK 触发器的逻辑功能分析与应用。

7.1　数字电路的基本概念及二进制数

【学习目标】

1) 认知数字信号与数字电路的特点。
2) 掌握二进制数与十进制数的转换。

【知识内容】

7.1.1　数字信号与数字电路

1. 数字信号

在模拟电子技术中，被传递、加工和处理的信号是模拟信号，这类信号的特点是在时间上和幅值上都是连续变化的，如广播电视中传送的各种语音信号和图像信号，如图 7-1a 所示。用于传递、加工和处理模拟信号的电子电路，称为模拟电路。

在数字电子技术中，被传递、加工和处理的信号是数字信号，这类信号的特点是在时间上和幅值上都是断续变化的离散信号，如图 7-1b 所示，信号的相对大小用电平来描述。其高电平和低电平常用 1 和 0 来表示。用于传递、加工和处理数字信号的电子电路，称为数字电路。它主要研究输出信号与输入信号之间的对应逻辑关系，其分析的主要工具是逻辑代数。因此，数字电路又称为逻辑电路。

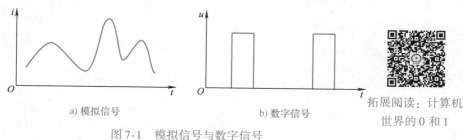

a) 模拟信号　　　　　　　b) 数字信号　　　　拓展阅读：计算机
世界的 0 和 1

图 7-1　模拟信号与数字信号

2. 数字电路的优点

与模拟电路相比，数字电路主要有如下优点：

1）便于高度集成化。由于数字电路采用二进制，凡是有两个状态的电路都可用 1 和 0 两个数字表示，因此，基本单元电路的结构简单，允许电路参数有较大的离散性，有利于将众多的基本单元电路集成在同一硅片上并进行生产。

2）工作可靠性高，抗干扰能力强。数字信号用 1 和 0 来表示信号的有和无，数字电路辨别信号的有和无是很容易做到的，从而大大提高了电路工作的可靠性。同时，数字信号不易受噪声干扰。因此，它的抗干扰能力很强。

3）数字信息便于长期保存。借助某种介质（如软盘、硬盘、光盘）可将数字信息长期保存下来。

4）数字集成电路产品系列多，通用性强，成本低。

7.1.2　数制与码制

1. 数制

数制是一种计数的方法，它是计数进位制的简称。采用何种计数方法应根据实际需要而定。在数字电路中，常用的计数进制除十进制外，还有二进制、八进制、十六进制，本书只介绍十进制和二进制。

（1）十进制

十进制是以 10 为基数的计数体制。在十进制中，有 0、1、2、3、4、5、6、7、8、9 十个数码，它的进位规律是逢十进一。在十进制数中，数码所处的位置不同，其所代表的数值是不同的，十进制数可表示为

$$(N)_{10} = a_n \times 10^n + a_{n-1} \times 10^{n-1} + a_{n-2} \times 10^{n-2} + \cdots + a_1 \times 10^1 + a_0 \times 10^0$$

$$+ a_{-1} \times 10^{-1} + a_{-2} \times 10^{-2} + \cdots a_{-m} \times 10^{-m} = \sum_{i=n}^{-m} a_i \times 10^i$$

式中，a_i 是系数（即数码 0~9）；10 是基数；10^i 是权（10 的幂）；$a_i \times 10^i$ 是加权系数。

因此，十进制数的数值为各位加权系数之和。例如：

$$(1982)_{10} = (1 \times 10^3 + 9 \times 10^2 + 8 \times 10^1 + 2 \times 10^0)_{10}$$

（2）二进制

二进制是以 2 为基数的计数体制。在二进制中，只有 0 和 1 两个数码，它的进位规律是逢二进一。各位的权都是 2 的幂，二进制数可表示为

$$(N)_2 = b_n \times 2^n + \cdots + b_1 \times 2^1 + b_0 \times 2^0 + \cdots + b_{-m} \times 2^{-m} = \sum_{i=n}^{-m} b_i 2^i$$

式中，b_i 是系数（即数码 0，1）；2 是基数；2^i 是权；$b_i \times 2^i$ 是加权系数。

因此，二进制数的各位加权系数的和就是其对应的十进制数。

例 7-1 将二进制数（10110.1）$_2$转换为十进制数。

解：$(10110.1)_2 = 1 \times 2^4 + 0 \times 2^3 + 1 \times 2^2 + 1 \times 2^1 + 0 \times 2^0 + 1. \times 2^{-1}$

$\qquad\qquad\quad = 16 + 0 + 4 + 2 + 0 + 0.5$

$\qquad\qquad\quad = (22.5)_{10}$

将十进制转换成二进制：对十进制数的整数部分和小数部分要用不同的方法加以处理。

十进制整数部分采用"除 2 取余倒序法"，即将十进制数连续用 2 除，直至商为零。第一次出现的余数为二进制整数的第一位，最后一位余数作为二进制整数的最高位。

例 7-2 将十进制数（43）$_{10}$转换成对应的二进制数。

解：

```
2 | 43  ·········· 余数   二进制数
  2 | 21  ··········  1        低位
    2 | 10  ··········  1        ↑
      2 | 5  ··········  0        |
        2 | 2  ··········  1        |
          2 | 1  ··········  0        |
            0  ··········  1        高位
```

所以$(43)_{10} = (101011)_2$

2. 码制

在计算机中，十进制数除了用二进制数来表示之外，还可以用 BCD 码来表示。BCD 码既有二进制数的形式，又具有十进制数的特点，可以作为人机交互的一种中间表示形式，有专门的指令可以对 BCD 码直接进行运算。

一般 BCD 码都以 4 位二进制数来表示 1 位十进制数。常用的 BCD 码有 8421BCD 码等，其编码方式见表 7-1。

8421BCD 码以 4 位二进制数来表示 1 位十进制数，每位二进制都有固定的权位，所以这种代码也称为有权码。8421BCD 码中每位的权从高到低分别为2^3（8）、2^2（4）、2^1（2）、2^0（1），与常规二进制数位的权完全一致，所以这是一种最自然、最简单的 BCD 码。

表 7-1　8421BCD 码编码方式

十进制数	8421BCD 码
0	0000
1	0001
2	0010
3	0011
4	0100
5	0101
6	0110
7	0111
8	1000
9	1001

7.1.3　数字电路的表示方法

数字电路实现的是逻辑关系，将事件的条件与结果抽象为输入变量与输出变量，则可通过逻辑函数表示逻辑关系。逻辑函数的表示方法主要有：逻辑函数表达式（简称逻辑表达式）、真值表、卡诺图、逻辑电路图（简称逻辑图）等。

用逻辑运算表示输出变量与输入变量之间关系的代数式，叫逻辑函数表达式；穷举输入变量的全部取值组合和对应的输出变量值，所列处的表格即真值表；卡诺图是图形化的真值表；由逻辑符号表示的逻辑函数为逻辑电路图。下面介绍几种基本逻辑运算与常见的复合逻辑运算。

7.2　门电路

【学习目标】

1）认知基本门电路。
2）掌握基本逻辑门、复合门的逻辑关系、符号、真值表与表达式。
3）会用基本门或复合门完成简单的数字电路。

【知识内容】

7.2.1　基本逻辑门电路

基本逻辑门电路

1. 与门

与逻辑可用图 7-2a 所示电路来说明。

只有开关 S_1 和 S_2 都闭合时，灯才会亮。这种灯亮与开关的关系就是"与"逻辑关系，表达与逻辑的电路为与门。可表述为：当决定一件事情的所有条件都具备时，事件才能发生。其逻辑符号如图 7-2b 所示。

在数字电路中，常用数字"1"来表示高电平，用数字"0"表示低电平，称为正逻辑。反之，称为负逻辑，本书中一律采用正逻辑。

与逻辑状态用真值表表示，双输入与门真值表见表 7-2。

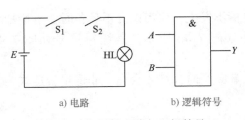

a) 电路　　　　b) 逻辑符号

图 7-2　与逻辑电路与逻辑符号

表 7-2　双输入与门真值表

A	B	Y
0	0	0
0	1	0
1	0	0
1	1	1

从表中可得出与逻辑表达式为

$$Y = A \cdot B \tag{7-1}$$

与逻辑的基本运算规则是

$$0 \cdot 0 = 0 \qquad 1 \cdot 0 = 0$$
$$0 \cdot 1 = 0 \qquad 1 \cdot 1 = 1$$

即所谓："见 0 得 0，全 1 得 1"。

2. 或门

或逻辑可用图 7-3a 所示电路来说明。

开关 S_1 和 S_2 只要有一个闭合，灯就会亮。这种灯亮与开关的关系就是"或"逻辑关系，表达或逻辑的电路为或门。可表述为：当决定一件事情的所有条件中，只要具备一个条件时，这件事就会发生。其逻辑符号如图 7-3b 所示。

双输入或门真值表见表 7-3。

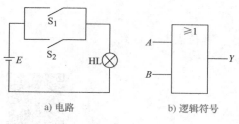

a) 电路　　　　　b) 逻辑符号

图 7-3　或逻辑电路与逻辑符号

表 7-3　双输入或门真值表

A	B	Y
0	0	0
0	1	1
1	0	1
1	1	1

从表中可得出或逻辑表达式为

$$Y = A + B \tag{7-2}$$

或逻辑的基本运算规则是

$$0 + 0 = 0 \qquad 1 + 0 = 1$$
$$0 + 1 = 1 \qquad 1 + 1 = 1$$

即所谓："见 1 得 1，全 0 得 0"。

3. 非门

反相器就是非门电路。当某一条件具备时，事情不发生；而当条件不具备时，事情却发生，这种关系称为"非"逻辑关系。非逻辑电路如图 7-4a 所示，其逻辑符号如图 7-4b 所示。

从电路图中可见，当 S 闭合时，灯不亮；而当 S 断开时，灯才会亮。非逻辑表达式为

$$Y = \overline{A} \tag{7-3}$$

非门真值表见表 7-4。

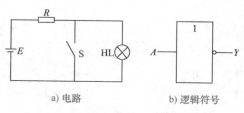

a) 电路　　　　　b) 逻辑符号

图 7-4　非逻辑电路与逻辑符号

表 7-4　非门真值表

A	Y
0	1
1	0

复合逻辑门电路

7.2.2 复合逻辑门电路

与、或、非等基本逻辑门，功能简单，实用中常将它们组合起来构成各种复杂的组合门电路，以实现各种复杂的逻辑功能。常用的有与非门、异或门、同或门等。

1. 与非门

与非门的逻辑符号如图7-5所示。

与非逻辑功能：当输入端全为"1"时，输出为"0"；当输入端有一个或几个为"0"时，输出为"1"。简言之，即全"1"时出"0"，有"0"时出"1"。三输入与非逻辑关系可表示如下：

$$Y = \overline{ABC} \tag{7-4}$$

三输入与非门的真值表见表7-5。

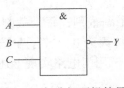

图7-5 与非门逻辑符号

表7-5 三输入与非门真值表

A	B	C	Y
0	0	0	1
0	0	1	1
0	1	0	1
0	1	1	1
1	0	0	1
1	0	1	1
1	1	0	1
1	1	1	0

2. 异或门

异或门的逻辑符号如图7-6所示。

异或门真值表见表7-6。

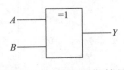

图7-6 异或门逻辑符号

表7-6 异或门真值表

A	B	Y
0	0	0
0	1	1
1	0	1
1	1	0

由真值表看出只有当 A、B 两个输入端相异时，输出端才是高电平1；而当输入端相同时，输出端为低电平0，这种逻辑关系称为异或逻辑，其逻辑表达式为

$$Y = A \oplus B = \overline{A}B + A\overline{B} \tag{7-5}$$

异或逻辑关系可以总结如下："相异得1，相同得0"。

3. 同或门

同或门的逻辑符号如图 7-7 所示。同或门真值表见表 7-7。

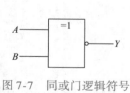

图 7-7　同或门逻辑符号

表 7-7　同或门真值表

A	B	Y
0	0	1
0	1	0
1	0	0
1	1	1

由真值表看出只有当 A、B 两个输入端相异时，输出端才是低电平 0；而当输入端相同时，输出端为高电平 1，这种逻辑关系称为同或逻辑，其逻辑表达式为

$$Y = \overline{A \oplus B} = AB + \overline{A}\,\overline{B} \tag{7-6}$$

同或逻辑关系可以总结如下："相异得 0，相同得 1"。

7.2.3　逻辑代数基础

下面通过一个案例详细介绍逻辑函数的几种表示方法及其相互转换。

某举重比赛由三个裁判来裁定，设 A 为主裁判，B、C 为两个副裁判，每个裁判前均有一个按钮，若裁判按下按钮，则判明成功的灯 Y 亮，灯亮为 1，灯灭为 0。当有两个或两个以上裁判（其中必有主裁判）按下按钮时，判明成功的灯 Y 亮。试用门电路实现上述电路。

（1）列真值表

本案例真值表见表 7-8。

（2）根据真值表，列写逻辑表达式

写出输出端 Y 为 1 的输入变量 A、B、C 的与组合。

输入变量 A、B、C 的与项写法是：若输入变量逻辑为 1，则以输入变量原变量 A、B、C 来表示；若输入变量逻辑为 0，则以输入变量的反变量 $\overline{A}$、$\overline{B}$、$\overline{C}$ 来表示。如：输入变量 A、B、C 分别为 1、0、1，则输入变量的与项为 $A\overline{B}C$。

输出 Y 逻辑表达式的写法是：分别将真值表输出变量 Y 为 1 的输入变量 A、

表 7-8　三人表决真值表

A	B	C	Y
0	0	0	0
0	0	1	0
0	1	0	0
0	1	1	0
1	0	0	0
1	0	1	1
1	1	0	1
1	1	1	1

B、C 的与项写出，再将各与项相加即可。由表 7-8 可以看出，输出变量 Y 为 1 共有 3 组与项，即 $A\overline{B}C$、$AB\overline{C}$、ABC，则输出 Y 的逻辑表达式为 $Y = A\overline{B}C + AB\overline{C} + ABC$。

（3）画出逻辑图

逻辑图如图 7-8 所示。由该图可以看出，设计的电路图需要 2 个非门、3 个与门、1 个或门，共需要 6 个门电路，门电路太多，不经济、不可靠。这就涉及逻辑表达式化简，本书介绍两种化简方法：数学代数法化简和卡诺图化简。

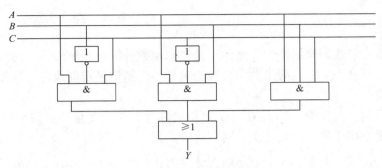

图7-8　三人表决案例逻辑图

1. 数学代数法化简

（1）逻辑代数基本公式

逻辑代数基本公式见表7-9。

表7-9　逻辑代数公式

或运算	与运算	非运算
$A + A = A$	$A \cdot 0 = 0$	
$A + \overline{A} = 1$	$A \cdot 1 = A$	$\overline{\overline{A}} = A$
$A + 1 = 1$	$A \cdot A = A$	
$A + 0 = A$	$A \cdot \overline{A} = 0$	

（2）摩根定律（反演律）

$$\overline{A \cdot B \cdot C} = \overline{A} + \overline{B} + \overline{C} \tag{7-7}$$

$$\overline{A + B + C} = \overline{A} \cdot \overline{B} \cdot \overline{C} \tag{7-8}$$

将上述案例电路用与非门实现，上述案例电路输出 Y 的逻辑表达式为

$$Y = \overline{A}BC + A\overline{B}C + ABC$$

因为 $\overline{\overline{A}} = A$，所以

$$A = \overline{A}\overline{B}C + AB\overline{C} + ABC$$

$$= \overline{\overline{\overline{A}\overline{B}C + AB\overline{C} + ABC}}$$

$$= \overline{\overline{\overline{A}\overline{B}C} \cdot \overline{AB\overline{C}} \cdot \overline{ABC}}$$

与或逻辑关系通过数学代数法的摩根定律可以转换成与非式，从化简后的公式可知，三人表决案例的与非门逻辑图需要 2 个非门、4 个与非门，共需要 6 个门电路，门电路较多，不经济、不可靠。

这样的逻辑图显然不是最优化的，如何使电路简单、经济呢？

上述电路之所以不经济、不可靠，是因为所设计的电路没有化简，与或逻辑关系可以通过数学代数法化简，也可以用卡诺图化简，但是工程上用得更多的化简方法是卡诺图化简法，而不是数学代数法。数学代数法的缺点是：记忆大量的公式，还需要化简技巧，花费时间长，较麻烦。

2. 卡诺图化简

卡诺图是按一定规则画出来的方格图，是逻辑函数的图解化简法，化简方法简单，便于学习，工程上广泛使用，它克服了数字代数法对最终化简结果难以确定是否最简单的缺点。

（1）最小项

以三变量为例，三变量 A、B、C 每个乘积项都含有 3 个变量，且每个乘积项中的每个变量均以原变量或反变量仅出现一次，则称这些乘积项为三变量 A、B、C 的最小项。

三变量 A、B、C，有 $2^3 = 8$ 个最小项，分别为 $\overline{A}\,\overline{B}\,\overline{C}$、$\overline{A}\,\overline{B}C$、$\overline{A}B\overline{C}$、$\overline{A}BC$、$A\,\overline{B}\,\overline{C}$、$A\,\overline{B}C$、$AB\overline{C}$、$ABC$；四变量 A、B、C、D，有 $2^4 = 16$ 个最小项；N 个变量共有 2^N 个最小项。

（2）最小项表达式

如 $Y = \overline{A}\,\overline{B}\,\overline{C} + \overline{A}BC + AB\overline{C}$，是最小项表达式。而 $Y = \overline{A}\,\overline{B}C + AB + C$，$Y = \overline{A}\,\overline{B}C + ABD + AC$，则不是最小项表达式。

最小项也可以用 m_i 来表示，i 为最小项取值为 1 时各变量组成二进制数所对应的十进制数。如 $Y = \overline{A}\,\overline{B}\,\overline{C} + \overline{A}BC + AB\overline{C}$ 可表示为 $Y = m_0 + m_3 + m_6$ 或 $Y(A, B, C) = \sum m(0, 3, 6)$。

三变量最小项表示法见表 7-10。

表 7-10　三变量最小项表示法

ABC	十进制数	最小项	Y
000	0	$\overline{A}\,\overline{B}\,\overline{C}$	m_0
001	1	$\overline{A}\,\overline{B}C$	m_1
010	2	$\overline{A}B\overline{C}$	m_2
011	3	$\overline{A}BC$	m_3
100	4	$A\,\overline{B}\,\overline{C}$	m_4
101	5	$A\overline{B}C$	m_5
110	6	$AB\overline{C}$	m_6
111	7	ABC	m_7

卡诺图化简法

（3）卡诺图化简

卡诺图是由美国工程师卡诺（Karnaugh）首先提出的一种用来描述逻辑函数的特殊方格图。在这个方格图中，每一个方格代表逻辑函数的一个最小项，而且几何相邻（在几何位置上，上下或左右相邻）的小方格具有逻辑相邻性。所谓逻辑相邻性，是指两相邻小方格所代表的最小项只有一个变量的取值不同。卡诺图是把最小项按照一定规则排列而构成的方格图。N 变量的卡诺图有 2^N 个小方块。

卡诺图化简步骤：①画出函数的卡诺图；②画最小项包围圈；③消变量，写出最简与或表达式。

例 7-3　函数 Y 的真值表见表 7-8，画出其卡诺图。

解：从真值表中找出输出 Y 为 1 的输入变量取值与项，写出这些变量的与项，即相应的最小项，最后将这些最小项相或，即可得到该逻辑函数 Y 的最小项表达式：

$$Y = \overline{A}BC + AB\overline{C} + ABC$$

将 B、C 变量按照循环码排列,如图7-9所示,画三变量卡诺图,如图7-10所示。

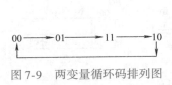

图7-9 两变量循环码排列图

图7-10 三变量卡诺图

三变量卡诺图有 $2^3 = 8$ 个小方块,在输出 Y 为1的最小项相应的方格里填1。

例7-4 画出函数 $Y(A,B,C,D) = \sum m(1,3,5,7,9)$ 的卡诺图。

解: A、B 变量按照循环码排列,C、D 变量按照循环码排列,把表达式中所有最小项在对应的小方块中填入"1",如图7-11所示。

下面通过例7-5讲解如何利用卡诺图进行化简。

例7-5 用卡诺图化简 $Y(A,B,C,D) = \sum m(5,7,9,11,13,14,15)$。

解:(1)画出函数的卡诺图。卡诺图如图7-12所示。

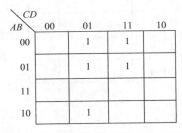

图7-11 例7-4卡诺图

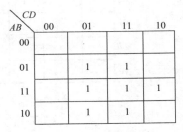

图7-12 例7-5卡诺图

(2)画最小项包围圈。画包围圈原则:

1)将逻辑相邻的2个"1"、4个"1"、8个"1"、…、2^n($n = 0,1,2\cdots$)个"1"圈起来。

逻辑相邻是指上下边相邻、左右边相邻、四个角相邻,体现循环相邻的特性,它类似于一个封闭的球面,如图7-13所示。

2)画包围圈要尽可能地大,即能圈8个"1",不圈4个"1";能圈4个"1",不圈2个"1";能圈2个"1",不圈1个"1"。这样消掉的变量最多,得到的逻辑表达式是最简单的。

3)"1"方格可以重复圈,但在新圈的包围圈中至少要含有1个未被圈过的"1"方格,否则该包围圈是多余的。

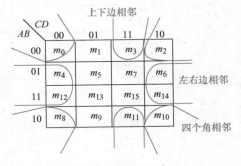

图7-13 逻辑相邻

4)消变量。消变量依据:合并相邻最小项,依据公式 $A + \overline{A} = 1$,则 $A\overline{B}C + \overline{A}\ \overline{B}C = \overline{B}C$,可以消去一个 A 变量,从而使逻辑函数得到简化。

消变量方法:相邻最小项相同变量保留,不同变量消掉。

相邻的 4 个 "1" 方格合并后消去 2 个变量，如图 7-14 所示。

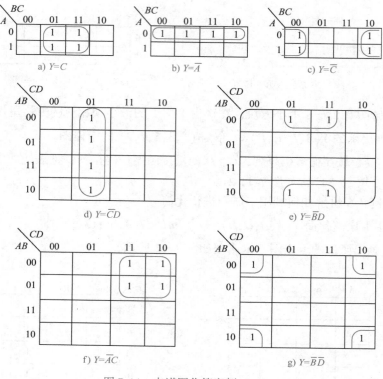

图 7-14　卡诺图化简案例（一）

相邻 2 个 "1" 方格合并后，消去 1 个变量；相邻 8 个 "1" 方格合并后，消去 3 个变量，如图 7-15 所示。

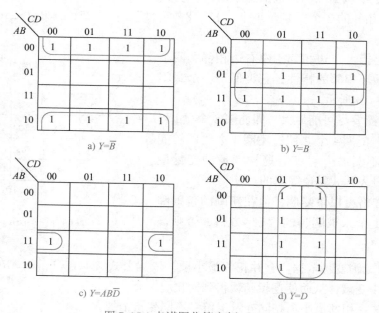

图 7-15　卡诺图化简案例（二）

由上述卡诺图化简规则，可以得到例7-5的卡诺图化简图，如图7-16所示。

（3）消变量，写出最简与或表达式。

由图7-16可以得到逻辑函数最简表达式为

$$Y = BD + AD + ABC$$

例7-6 用卡诺图化简函数 $Y(A,B,C,D) = \sum m(0,2,3,5,6,8,9,10,11,12,13,14,15)$，得到最简与或式。

解：卡诺图如图7-17所示。

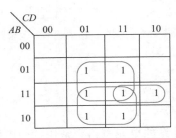

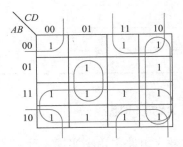

图7-16 例7-5卡诺图化简图　　　　图7-17 例7-6卡诺图

化简可得最简与或式：

$$Y(A,B,C,D) = \overline{B}\,\overline{D} + A + \overline{B}C + C\overline{D} + \overline{B}CD \qquad (7-9)$$

7.2.4 组合逻辑电路的分析与设计

所谓组合逻辑电路的分析，就是找出给定组合逻辑电路输出和输入之间的逻辑关系，并确定电路的逻辑功能。分析过程一般按下列步骤进行：①根据给定的组合逻辑电路，从输入端开始，逐级推导出输出端的逻辑函数表达式；②通过化简，将逻辑函数表达式变换成最简表达式；③根据输出函数表达式列出真值表；④用文字概括出电路的逻辑功能。

所谓组合逻辑电路的设计，就是根据给出的实际逻辑问题，求出实现这一逻辑功能的最佳逻辑电路。

工程上的最佳设计，通常需要用多个指标去衡量，主要考虑的问题有以下几个方面：①所用的逻辑器件数目最少，器件的种类最少，且器件之间的连线最少，这样的电路称"最小化"电路。②满足速度要求，应使级数最少，以减少门电路的延迟。③功耗小，工作稳定可靠。

例7-7 设计一个三人表决电路，结果按"至少有两人通过"的原则决定。

解：（1）列真值表，见表7-11。

（2）由真值表写出逻辑表达式，即

$$Y = \overline{A}BC + A\overline{B}C + AB\overline{C} + ABC$$

（3）化简得最简与或表达式为

$$Y = AB + BC + AC$$

（4）画出逻辑图，如图7-18所示。

三人表决器的
焊接与制作

表 7-11   例 7-7 真值表

A	B	C	Y
0	0	0	0
0	0	1	0
0	1	0	0
0	1	1	1
1	0	0	0
1	0	1	1
1	1	0	1
1	1	1	1

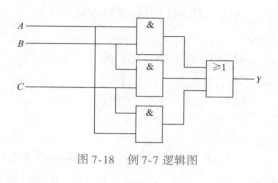

图 7-18   例 7-7 逻辑图

7.2.5   TTL 集成门电路

门电路是数字电路中用来实现各种基本逻辑关系的单元电路，常用的门电路有与门、或门、非门、异或门、或非门、三态门等，其中前三种为基本逻辑门。门电路可由分立元器件组成。目前最广泛使用的是集成门电路，集成门电路是在分立元器件门电路的基础上发展起来的。集成门电路主要有双极型的 TTL 集成门电路和单极型的 CMOS 门电路。

由二极管、三极管组成的分立元器件门电路的缺点是：使用的元器件多，门电路工作速度低，可靠性差，带负载能力差，因此数字电路中广泛使用集成逻辑门电路。

将几个晶体管和电阻组成的门电路制造在很小的硅片上封装起来的逻辑部件，称为 TTL（Transistor Transistor Logic，晶体管-晶体管-逻辑）集成门电路。

TTL 集成门电路根据工作温度和电源电压允许工作范围不同，分为 54 系列和 74 系列两类芯片。54 系列和 74 系列具有完全相同的电路结构和电气性能参数，不同的是它们的工作条件不同，54 系列更适合在温度条件恶劣、供电电源变化大的环境中使用；而 74 系列则适合在常规条件下使用。

54 系列和 74 系列又分为几个子系列。它们分别是通用系列：CT54/74（SN54/74）；高速系列：CT54H/74H；肖特基系列：CT 54S/74S；低功耗肖特基系列：CT 54 LS/74LS。

54 系列和 74 系列的几个子系列的主要区别反映在平均传输延迟时间和平均功耗这两个参数上，其他电参数和引脚排列图基本上是彼此相容的。所谓肖特基系列，是在集成电路中集成抗饱和二极管（或称肖特基二极管）以避免晶体管进入饱和状态，使传输延迟时间大幅度减小，用以提高 54/74 系列门电路的速度。

TTL 集成门电路的外形如图 7-19 所示。

TTL 集成芯片引脚如图 7-20 所示，图中所示为双列直插式芯片，其引脚序号排列方法是：从正面看（芯片顶视图看），带半圆形缺口向左，则左下角的第一个引脚为 1 号，然后逆时针方向依次排序，左上角引脚为最后一个。

这样可以根据具体芯片的功能表，清楚地知道哪个引脚有什么功能，也就能够使我们更好地使用该芯片。

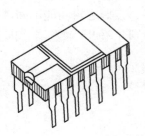
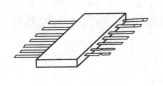

图7-19　TTL集成门电路的外形　　　图7-20　TTL集成芯片引脚

7.2.6　CMOS门电路

CMOS门电路是由增强型PMOS管和增强型NMOS管组成的互补对称MOS门电路。CMOS门电路与相同逻辑功能的TTL集成门电路相比，除了结构及电路图不同外，它们的逻辑符号、逻辑表达式完全相同，且真值表（功能表）也完全相同，只是它们的电气参数有所不同，使用的方法有差异而已。

与TTL集成门电路相比，CMOS门电路主要有以下特点：

1）静态功耗极小，功耗达纳瓦数量级。

2）工作电源电压范围宽。CMOS系列的电源电压为3~15V，HCMOS系列的电源电压为2~6V，这给电路电源电压的选择带来了很大方便。

3）噪声容限大。CMOS门电路的噪声容限最大可达电源电压的45%，最小不低于电源电压的30%，而且随着电压的提高而增大。因此，它的噪声容限比TTL集成门电路大很多。

4）电源利用率高。CMOS门电路输出的高电平接近于电源电压，而输出的低电平接近0V。因此，输出逻辑电平幅度的变化接近电源电压。电源电压越高，逻辑摆幅越大。

5）负载能力强，扇出系数大。CMOS 4000系列输出端可带50个以上的同类门电路，HCMOS电路可带10个LSTTL负载门。

CMOS门电路的缺点：工艺复杂，要求高；工作速度较慢。

7.3　集成触发器

【学习目标】

1）认知基本RS触发器和JK触发器。

2）掌握基本RS触发器和JK触发器的逻辑功能分析，根据触发脉冲、输入波形，能熟练画出基本RS触发器和JK触发器输出端波形。

3）会使用触发器的特性方程。

【知识内容】

触发器是具有记忆功能的单元电路，触发器具有"0"和"1"两个稳定的输出状态。

当输入某一规定的触发信号后，它的输出状态被置"0"和"1"。而当输入信号消失后，输出的状态能保持不变，即触发器具有记忆功能。触发器的分类很多，按照逻辑功能不同可分为 RS 触发器、D 触发器、T 触发器和 JK 触发器四种类型。下面分别介绍 RS 触发器、JK 触发器和 D 触发器三种。

7.3.1 RS 触发器

1. 基本 RS 触发器

图 7-21a 是由与非门 D_A、D_B 构成的与非型基本 RS 触发器。图 7-21b 是它的逻辑符号，符号中输入端的小圈表示低电平触发。

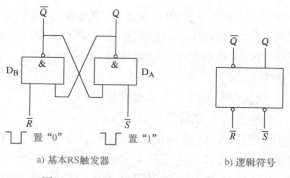

a) 基本RS触发器　　　　　　　　　b) 逻辑符号

图 7-21　基本 RS 触发器及其逻辑符号

基本 RS 触发器由两个与非门交叉耦合构成。其中，$\bar{R}$、$\bar{S}$ 是两个输入端，由此加入触发信号；Q 和 $\bar{Q}$ 为一对互补的输出端，并规定用 Q 端（0 或 1）来表示整个触发器的状态。电路的工作原理分析如下：

1）$\bar{R}=0$，$\bar{S}=0$。由与非门的特性可知，$Q=\bar{Q}=1$，而前面已规定 Q 和 $\bar{Q}$ 是互补的。显然，这时触发器功能被破坏了。此时，一旦输入信号拆除，输出端的状态将是不确定的，因此基本 RS 触发器不允许 $\bar{R}$ 和 $\bar{S}$ 同时为 0 状态。

2）$\bar{R}=0$，$\bar{S}=1$。由于 $\bar{R}=0$，则 $\bar{Q}=1$，同时 $\bar{Q}$ 反馈到 D_A 门的输入端，使 D_A 门的两个输入端均为 1，则 $Q=0$。在这种情况下，无论触发器的原状态如何，输入信号加入后，触发器必处于 0 态。所以 $\bar{R}$ 端叫置"0"端。

3）$\bar{R}=1$，$\bar{S}=0$。由于 $\bar{S}=0$，则 $Q=1$，同时 Q 反馈到 D_B 门的输入端，使 D_B 门的两个输入端均为 1，则 $\bar{Q}=0$。在这种情况下，无论触发器的原状态如何，输入信号加入后，触发器必处于 1 态。所以 $\bar{S}$ 端叫置"1"端。

4）$\bar{R}=1$，$\bar{S}=1$。这时由与非门的工作特性可知 Q 和 $\bar{Q}$ 的状态取决于其原来状态。当原态 $Q=0$、$\bar{Q}=1$ 时，此时 D_B 门的输入为 $\bar{R}=1$、$Q=0$，则其输出必为 $\bar{Q}=1$；D_A 门的输入为 $\bar{S}=1$、$\bar{Q}=1$，则其输出 Q 必为 0。原态 $Q=1$、$\bar{Q}=0$ 时，此时 D_A 门的输入为 $\bar{S}=1$、$\bar{Q}=0$，

则其输出必为 $Q=1$；D_B 门的输入为 $\overline{R}=1$、$Q=1$，则其输出 $\overline{Q}$ 必为 0。

通过以上分析，只要 $\overline{R}=1$，$\overline{S}=1$，则无论 Q 和 $\overline{Q}$ 的原态如何，都将保持不变。这就体现了触发器的保持功能，表明触发器具有记忆的能力。

由上述分析的输入和输出的状态关系，可以得出基本 RS 触发器的逻辑状态表，见表 7-12。表中 Q_n 和 Q_{n+1} 分别表示 CP 脉冲作用前后触发器的状态。Q_n 称为现态，Q_{n+1} 为次态。

表 7-12　基本 RS 触发器逻辑状态表

$\overline{R}$	$\overline{S}$	Q_{n+1}
0	0	不定
0	1	0
1	0	1
1	1	Q_n

2. 同步 RS 触发器

基本 RS 触发器的特点是输入信号可以直接控制触发器的输出状态，因此其抗干扰能力较差，实际应用中更多采用受时钟脉冲控制的同步 RS 触发器，如图 7-22 所示。图 7-23 为其逻辑符号。

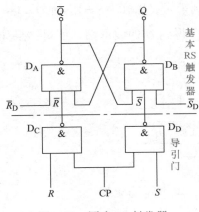

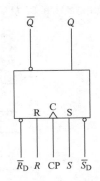

图 7-22　同步 RS 触发器　　　　图 7-23　同步 RS 触发器逻辑符号

同步 RS 触发器是在基本 RS 触发器基础上增加两个控制门 D_C、D_D 和一个时钟控制信号 CP 组成的。$\overline{R}_D$ 和 $\overline{S}_D$ 为直接置"0"端和直接置"1"端；$\overline{R}$ 和 $\overline{S}$ 为触发器的输入端；Q 和 $\overline{Q}$ 为输出端；CP 为时钟脉冲控制端，它能决定触发器动作时刻，使触发器能在人为的控制下按一定的时间节拍工作。

其工作原理是：

1）CP $=0$ 时，无论 D_C 和 D_D 门的输入端 R 和 S 为何状态，其输出均为 1，即 D_C 和 D_D 门被封锁，R 和 S 的输入信号不能通过。由 D_A 门，D_B 门构成的基本触发器的 $\overline{R}$ 和 $\overline{S}$ 端为 1，此时触发器保持原状态。

2）CP =1 时，这时 R 和 S 的信号可以通过 D_C 门和 D_D 门。根据前面对基本 RS 触发器的分析，不难得出以下结论：

$R = S = 0$，即 $\overline{R} = \overline{S} = 1$，则触发器保持原状态。

$R = 0$，$S = 1$，即 $\overline{R} = 1$，$\overline{S} = 0$，触发器被置 "1"，$Q = 1$，$\overline{Q} = 0$。

$R = 1$，$S = 0$，即 $\overline{R} = 0$，$\overline{S} = 1$，触发器被置 "0"，$Q = 0$，$\overline{Q} = 1$。

$R = S = 1$，即 $\overline{R} = \overline{S} = 0$，触发器处于不定状态，此种情形应避免出现。

由上述的输入输出的状态可列出同步 RS 触发器的逻辑状态表，见表 7-13。

表 7-13　同步 RS 触发器逻辑状态表

R	S	Q_{n+1}
0	0	Q_n
0	1	1
1	0	0
1	1	不定

例 7-8　设同步 RS 触发器的初始状态为 $Q_n = 0$，输入信号 R、S 及时钟脉冲 CP 的波形如图 7-24a 所示。试画出 Q 与 $\overline{Q}$ 的波形。

解：根据表 7-13 可知：当第一个 CP 脉冲到来时，$R = S = 0$，则 $Q = 0$；当第二个 CP 脉冲到来时，$R = 1$，$S = 0$，则 $Q = 0$；当第三个脉冲到来时，$R = 0$，$S = 1$，则 $Q = 1$……依此可推出输出端 Q 的波形。再由 Q 与 $\overline{Q}$ 的互补关系，可得到 $\overline{Q}$ 的波形图。所得结果如图 7-24b 所示。

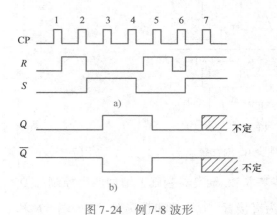

图 7-24　例 7-8 波形

7.3.2　主从 JK 触发器

同步 RS 触发器在使用中有两个缺点：一是具有一种不定状态；二是在 CP =1 期间，若输入信号变化，会引起输出状态也发生变化，即出现空翻现象。为了克服这些缺点，可采用主从 JK 触发器。

1. 主从 JK 触发器的逻辑结构及逻辑符号

图 7-25 所示为主从 JK 触发器的逻辑结构，其逻辑符号如图 7-26 所示。

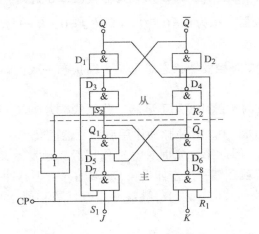
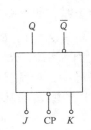

图 7-25 主从 JK 触发器逻辑结构　　　图 7-26 逻辑符号

主从 JK 触发器实际上是由两个同步 RS 触发器构成的，将后级的输出反馈至前级，即将 Q 与 R_1 相连，$\overline{Q}$ 与 S_1 相连，采用反馈后，由于 Q 和 $\overline{Q}$ 的互补作用，即使主触发器的 J、K 端同时为高电平 1，与非门 D_7、D_8 也不会同时输出低电平 0，从而避免了 RS 触发器的不定状态。同时主从 JK 触发器在 CP = 1 期间，主触发器根据输入信号变化而被置状态，由于与非门 D_3、D_4 的输入端 $\overline{CP}$ = 0，故从触发器的输出端 Q 和 $\overline{Q}$ 状态不变。只有当 CP 由 1 下跳为 0 时，主触发器的输入端 CP = 0，无论 J、K 的状态如何变化，主触发器的状态再也不能翻转了，此时从触发器将主触发器的状态置出。因此主从 JK 触发器状态翻转分为两步：一是在 CP = 1 时，主触发器根据输入端 J、K 的信号被置相应的状态；二是在 CP 的下降沿到来时，从触发器的输出端将主触发器的状态置出。图 7-26 的 CP 端有一个小圈，表示 CP 下降沿有效。

2. 主从 JK 触发器的逻辑功能及状态表

主从 JK 触发器的逻辑功能从以下四种情况进行分析。

1）J = 0，K = 0 时，主触发器导引门被封锁。因此，不论时钟脉冲到来与否，也不论来自 Q 端和 $\overline{Q}$ 端的反馈信号如何，都不能改变触发器的状态。也就是触发器具有保持原状态不变的功能，即 $Q_{n+1} = Q_n$。

2）J = 1，K = 0 时，时钟脉冲到来前，CP = 0，$\overline{CP}$ = 1，触发器状态不变。时钟脉冲上升沿到来时，CP = 1，$\overline{CP}$ = 0。若触发器原状态为 0，即 Q = 0，$\overline{Q}$ = 1，则 $S_1 = \overline{Q}J$ = 1，$R_1 = QK$ = 0，因此主触发器翻转为 1 态，即 Q_1 = 1，$\overline{Q_1}$ = 0。若触发器原状态为 1，则 S_1 = 0，R_1 = 0，主触发器仍保持 1 态，Q_1 = 1，$\overline{Q_1}$ = 0。时钟脉冲下降沿到来时，CP = 0，$\overline{CP}$ = 1，主触发器被封锁，从触发器则根据 $S_2 = Q_1$ = 1，$R_2 = \overline{Q_1}$ = 0 而输出 1 态，即 Q = 1，$\overline{Q}$ = 0。所

以，$J=1$，$K=0$ 具有置 1 功能，即 $Q_{n+1}=1$。

3）$J=0$，$K=1$ 时，与 $J=1$，$K=0$ 情况类似。当时钟脉冲上升沿到来时，不论触发器原状态如何，主触发器输出必定是 $Q_1=0$，$\overline{Q}_1=1$。从触发器被 $\overline{CP}=0$ 封锁。时钟脉冲下降沿到来时，主触发器被封锁。从触发器状态为 $Q=0$，$\overline{Q}=1$。故 $J=0$，$K=1$ 有置 0 功能，即 $Q_{n+1}=0$。

以上 2）、3）两项表明，当 $J=\overline{K}$ 时触发器状态总是与 J 端状态一致，即 $Q_{n+1}=J$。这种工作方式称为置位功能。

4）$J=1$，$K=1$ 时，触发器将在时钟脉冲控制下翻转。若原状态为 0 态，则反馈到输入端的信号状态是：$S_1=\overline{Q}J=1$，$R_1=QK=0$。时钟脉冲作用后触发器翻转为 1 态。同时反馈到输入端的状态变为 $S_1=0$，$R_1=1$。因此第二个时钟脉冲作用后，触发器又翻转为 0 态。以后每来一个时钟脉冲，触发器状态就翻转一次。如果在 CP 端输入一串脉冲，则触发器状态翻转次数等于 CP 端输入的脉冲数。这时主从 JK 触发器具有计数功能，其输出状态为 $Q_{n+1}=\overline{Q}_n$。

表 7-14 是主从 JK 触发器的逻辑状态表。

表 7-14　主从 JK 触发器的逻辑状态表

J	K	Q_{n+1}
0	0	Q_n
0	1	0
1	0	1
1	1	$\overline{Q}_n$

例 7-9　已知主从 JK 触发器输入端（CP、J 端和 K 端）的波形如图 7-27a 所示，设 Q 的初始状态为 1，画出输出端 Q 的波形。

解：根据主从 JK 触发器的逻辑状态表，输出端 Q 的波形如图 7-27b 所示。

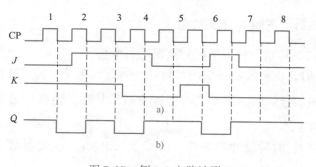

图 7-27　例 7-9 电路波形

7.3.3　D 触发器

D 触发器的逻辑符号如图 7-28 所示，它只有一个输入端 D，逻辑功能如下：

若 $D=0$，当 CP 脉冲到来时，$Q_{n+1}=0$；

若 $D=1$，当 CP 脉冲到来时，$Q_{n+1}=1$。

表 7-15 是 D 触发器的逻辑状态表。由于 D 触发器的输出状态总是与 CP 脉冲到来之前输入端的状态相同，因此，D 触发器也叫延迟触发器。

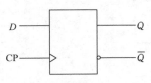

图 7-28　D 触发器的逻辑符号

表 7-15　D 触发器的逻辑状态表

D	Q_{n+1}
0	0
1	1

习　题　7

一、填空题

1. 四位二进制数码的各位的权分别为_____，故称为 8421 码。

2. 将下列十进制数转化为二进制数：_____。

7，88，125，48

3. 将下列二进制数转化为十进制数：_____。

1011，11101，10110，100011

4. 8421 码 $(0111\ 0011\ 0101)_{8421BCD}$ 对应的十进制数为_____。

5. 门电路中最基本的逻辑门电路有_____、_____和_____。

6. 触发器具有_____个稳定状态，在输入信号消失后，它能保持_____。

7. 主从触发器是一种能防止_____现象的实用触发器。

8. 与非门构成的基本 RS 触发器中，$\overline{S}=0$，$\overline{R}=1$ 时，其输出状态是_____。

二、判断题（对的画 √，错的画 ×）

1. 触发器与门电路一样，输出状态仅取决于触发器的即时输入情况。　　（　　）

2. 由三个开关并联起来控制一个电灯时，电灯亮与不亮同三个开关的闭合或断开之间的对应关系属于"与"的逻辑关系。　　（　　）

3. 或非门的逻辑功能是：输入端全是低电平时，输出端是高电平；只要输入端有一个高电平，输出端即为低电平。　　（　　）

4. 在 8421 码中，每个四位二进制数各位的权自高位至低位分别是 8，4，2，1。　　（　　）

三、分析题

1. 已知各门电路的输入信号波形如图 7-29 所示。请画出其输出波形。

2. 由与非门组成的基本 RS 触发器电路，其输入端 $\overline{S}$、$\overline{R}$ 的波形如图 7-30 所示，试画出输出端 Q 和 $\overline{Q}$ 的波形。

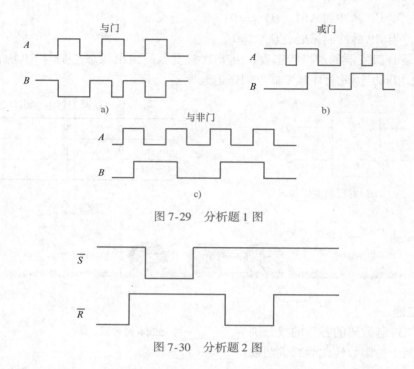

图 7-29　分析题 1 图

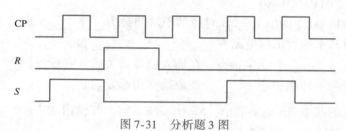

图 7-30　分析题 2 图

3. 同步 RS 触发器 R、S 和 CP 的波形如图 7-31 所示，假设初始状态为 1，试画出输出端 Q 和 $\overline{Q}$ 的波形。

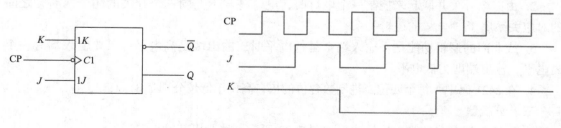

图 7-31　分析题 3 图

4. 电路和输入端波形如图 7-32 所示，试画出 Q 的波形。设触发器的初态为 $Q = 0$。

图 7-32　分析题 4 图

5. D 触发器组成电路和输入端波形如图 7-33 所示，设初始状态均为 0，试根据图中 CP 和 D 的波形画出 Q_1 和 Q_2 的波形。

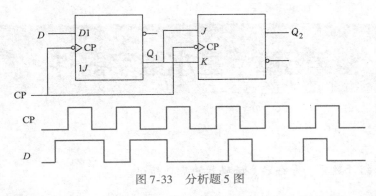

图 7-33　分析题 5 图

6. 若已知 D 触发器的输入信号波形如图 7-34 所示，试画出输出端 Q 的波形，设初始状态为 $Q = 0$。

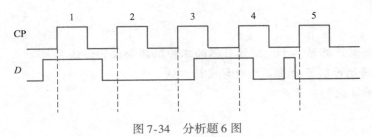

图 7-34　分析题 6 图

第8章 基本数字器件

【知识点】

本章主要介绍计数器、寄存器、译码器的基础知识。

8.1 计数器

【学习目标】

1）掌握二进制计数器、十进制计数器的工作原理和设计方法。

2）掌握 N 进制计数器的基本原理与设计方法。

3）理解同步计数和异步计数。

【知识内容】

计数器是用来累计时钟脉冲（CP脉冲）个数的时序逻辑部件。它是数字系统中用途最广泛的基本部件之一，几乎在各种数字系统中都有计数器。计数器不仅可以计数，还可以对CP脉冲分频，以及构成时间分配器或时序发生器，对数字系统进行定时、程序控制操作。此外，还能用它执行数字运算。

8.1.1 计数器的分类

1. 按计数器中触发器翻转是否同步分类

可分为同步计数器及异步计数器。

同步计数器是计数脉冲引到所有触发器的时钟脉冲输入端，使应翻转的触发器在外接CP脉冲作用下同时翻转。

异步计数器是计数脉冲并不引到所有触发器的时钟脉冲输入端，有的触发器的时钟脉冲输入端是其他触发器的输出，因此，触发器不是同时动作。

2. 按计数增减分类

可分为加法计数器、减法计数器及可逆计数器。

加法计数器是计数器在CP脉冲作用下进行累加计数（每来一个CP脉冲，计数器加1）。

减法计数器是计数器在CP脉冲作用下进行累减计数（每来一个CP脉冲，计数器减1）。

可逆计数器是计数规律可按加法计数规律计数，也可按减法计数规律计数，由控制端决定。

3. 按计数进制分类

可分为二进制计数器及十进制计数器等。

二进制计数器按二进制规律计数，最常用的有四位二进制计数器，计数范围为 0000～1111。BCD 码十进制计数器按二进制规律计数，但计数范围为 0000～1001。

十进制计数器按十进制数运算规律进行计数。

8.1.2 二进制计数器

二进制计数器可用触发器来构成，它利用触发器的状态来表示二进制数码。触发器输出端 Q 有 0 和 1 两个状态，可用来表示二进制数码 0 和 1。如果要表示 n 位二进制数，就得用 n 个触发器。根据上述，我们可以列出 4 位二进制加法计数器的状态，见表 8-1，表中还列出对应的十进制数。

表 8-1　4 位二进制加法计数器的状态

计数脉冲	二进制数				十进制数
	Q_3	Q_2	Q_1	Q_0	
0	0	0	0	0	0
1	0	0	0	1	1
2	0	0	1	0	2
3	0	0	1	1	3
4	0	1	0	0	4
5	0	1	0	1	5
6	0	1	1	0	6
7	0	1	1	1	7
8	1	0	0	0	8
9	1	0	0	1	9
10	1	0	1	0	10
11	1	0	1	1	11
12	1	1	0	0	12
13	1	1	0	1	13
14	1	1	1	0	14
15	1	1	1	1	15
16	0	0	0	0	0

要实现表 8-1 所列的 4 位二进制加法计数，必须用 4 个双稳态触发器，它们具有计数功能。下面介绍异步二进制加法计数器。由表 8-1 可见，每来一个计数脉冲，最低位触发器翻转一次；而高位触发器是在相邻的低位触发器由"1"变"0"进位时翻转。因此可用 4 个主从 JK 触发器来组成 4 位异步二进制加法计数器，如图 8-1 所示。每个触发器的 J、K 端悬空，相当于高电平"1"，故具有计数功能。触发器的进位脉冲从 Q 端输出送到相邻高位触发器的 CP 端，这符合主从触发器在输入正脉冲的下降沿触发的特点。图 8-2 是它的工作波形。

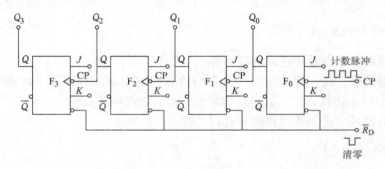

图 8-1 由主从 JK 触发器组成的 4 位异步二进制加法计数器

所以这种计数器称为"异步"加法计数器，是由于计数脉冲不是同时加到各位触发器的 CP 端，而只加到最低位触发器，其他各位触发器则由相邻低位触发器输出的进位脉冲来触发，因此它们状态的变化有先有后，是异步的。

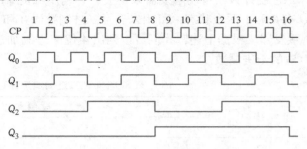

图 8-2 4 位异步二进制加法计数器的工作波形

8.1.3 十进制计数器

二进制计数器虽然结构简单，但是读数不习惯，所以在有些场合采用十进制计数器较为方便。十进制计数器是在二进制计数器的基础上得出的，用 4 位二进制数来代表十进制的每一位数，所以也称为二–十进制计数器（或 8421 码十进制计数器）。

前面讲过 8421 编码方式，是取 4 位二进制数前面的 0000 ~ 1001 来表示十进制数 0 ~ 9 共 10 个数码，而去掉后面的 1010 ~ 1111 共 6 个数。也就是计数器计到第九个脉冲时再来一个脉冲，即由 1001 变为 0000，经过 10 个脉冲循环一次。表 8-2 是 8421 码十进制加法计数器的状态表。

表 8-2 8421 码十进制加法计数器的状态表

计 数 脉 冲	二 进 制 数				十 进 制 数
	Q_3	Q_2	Q_1	Q_0	
0	0	0	0	0	0
1	0	0	0	1	1
2	0	0	1	0	2
3	0	0	1	1	3
4	0	1	0	0	4
5	0	1	0	1	5
6	0	1	1	0	6
7	0	1	1	1	7
8	1	0	0	0	8
9	1	0	0	1	9
10	0	0	0	0	进位

与二进制加法计数器比较，来第 10 个脉冲时不是由 1001 变为 1010，而是恢复为 0000，即要求第 2 位触发器 F_2 不翻转保持"0"态，第 4 位触发器 F_4 应翻转为"0"。4 位异步 BCD 码十进制加法计数器仍由 4 个主从 JK 触发器组成，如图 8-3 所示。

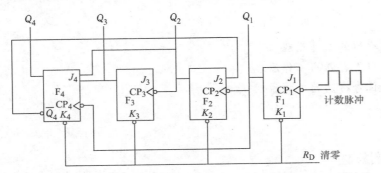

图 8-3　由主从 JK 触发器组成的 4 位异步 BCD 码十进制加法计数器

该电路中，将 J_2 与 $\overline{Q_4}$ 相连，这就使 F_2 的翻转受到 F_4 的控制。第 4 个触发器的输入端 $J_4 = Q_2 Q_3$，$CP_4 = Q_1$，所以只有当 $Q_2 = Q_3 = 1$ 且在 Q_1 的下降沿时 F_4 才能翻转。

在计数过程中，从数码 0 计到 7 时，即计数器的状态由 0000 变为 0111 时，Q_4 一直为 0，$\overline{Q_4}$ 为 1。这时计数器的工作过程与前面分析的二进制计数器完全相同。

当第 8 个 CP 脉冲到来时，在 CP 的下降沿 Q_1 的状态由 1 变为 0，而 Q_1 的下降沿又使 Q_2 的状态由 1 变为 0。而且第 8 个 CP 脉冲下降沿到来前，已经使得 $J_4 = Q_2 Q_3 = 1$，所以 Q_1 的下降沿也会使第 4 位 JK 触发器翻转，Q_4 状态由 0 变为 1。这时候计数器的状态由刚才的 0111 变为 1000。

第 9 个 CP 脉冲到来时，在 CP 的下降沿 Q_1 的状态翻转，由 0 变 1，而其他触发器的状态都不变，计数器的状态由 1000 变为 1001。

第 10 个 CP 脉冲到来时，在 CP 的下降沿 Q_1 的状态翻转，由 1 变 0，但此时第 2 位 JK 触发器的输入端 $J_2 = \overline{Q_4} = 0$，故 Q_1 的下降沿不能使 Q_2 的状态翻转，所以 Q_2 的状态仍为 0。此时，$Q_3 = 0$，使 $J_4 = 0$，K_4 一直悬空为 1，这样 Q_1 的下降沿使 Q_4 置 0，计数器的状态由 1001 变为 0000。

所以，该电路可以跳过 1010～1111 这 6 个状态，从而实现了 8421 码计数。电路波形如图 8-4 所示。

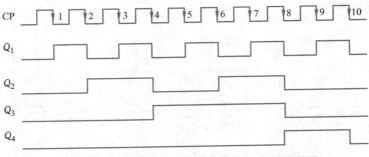

图 8-4　4 位异步 BCD 码十进制加法计数器波形图

8.2 寄存器

【学习目标】

1）认知寄存器的工作原理。
2）掌握数码寄存器的工作原理。
3）掌握移位寄存器的工作原理。

【知识内容】

8.2.1 寄存器概述

寄存器被广泛应用于数字系统和计算机中，它由触发器组成，是一种用来暂时存放二进制数码的逻辑部件。触发器可以存放一位二进制代码，因此 n 位代码寄存器应由 n 个触发器组成。有些寄存器由门电路构成控制电路，以保证信号的接收和清除。

寄存器存放数据的方式有并行输入和串行输入两种。并行输入方式是数码从各对应输入端同时输入到寄存器中，串行输入方式是数码从一个输入端逐位输入到寄存器中。

寄存器取出数据的方式也有并行输出和串行输出两种。并行输出方式中，被取出的数码同时出现在各位的输出端。串行输出方式中，被取出的数码在一个输出端逐位出现。

寄存器分为数码寄存器（也称基本寄存器）和移位寄存器。

8.2.2 数码寄存器

数码寄存器具有存储二进制代码，并可输出所存二进制代码的功能。按接收数码的方式可分为单拍式和双拍式。单拍式即接收数据后直接把触发器置为相应的数据，不考虑初态。双拍式即接收数据之前，先用复"0"脉冲把所有的触发器恢复为"0"，第二拍把触发器置为接收的数据。

1. 双拍工作方式的数码寄存器

双拍工作方式是指接收数码时，先清零，再接收数码。

分析图8-5由 D 触发器组成的 4 位数码寄存器的逻辑功能。它的核心部分是 4 个 D 触发器。其工作过程如下：

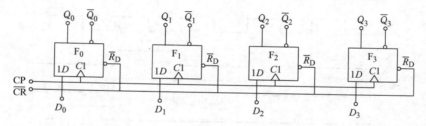

图 8-5　由 D 触发器组成的 4 位数码寄存器

1）清零。$\overline{CR} = 0$，异步清零。即有 $Q_3^{n+1} Q_2^{n+1} Q_1^{n+1} Q_0^{n+1} = 0000$

2）送数。$\overline{CR} = 1$ 时，CP 上升沿送数

$$Q_3^{n+1} Q_2^{n+1} Q_1^{n+1} Q_0^{n+1} = D_3 D_2 D_1 D_0$$

3）保持。在 $\overline{CR} = 1$ 时、CP 上升沿以外时间，寄存器内容将保持不变，实现了数码寄存的功能。

2. 单拍工作方式的数码寄存器

单拍工作方式是指只需一个接收脉冲就可以完成接收数码的工作方式。集成数码寄存器几乎都采用单拍工作方式。数码寄存器要求所存的代码与输入代码相同，故由 D 触发器构成。

分析图 8-6 由 D 触发器组成的 4 位数码寄存器的逻辑功能。

无论寄存器中原来的内容是什么，只要在控制时钟脉冲 CP 上升沿到来前将数据加在并行数据输入端，该数据 $D_0 \sim D_3$ 就立即被送入寄存器中，即有：$Q_3^{n+1} Q_2^{n+1} Q_1^{n+1} Q_0^{n+1} = D_3 D_2 D_1 D_0$。

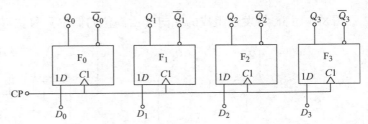

图 8-6 由 D 触发器组成的 4 位数码寄存器

8.2.3 移位寄存器

移位寄存器具有数码寄存和移位两个功能，在移位脉冲的作用下，数码如向左移一位，则称为左移，反之称为右移。具有单向移位功能的移位寄存器称为单向移位寄存器，既可向左移也可向右移的称为双向移位寄存器。

1. 右移寄存器

图 8-7 是由 4 个 D 触发器组成的右向（由低位到高位）移位寄存器逻辑电路图。图中各触发器的 CP 接在一起作为移位脉冲控制端，数据从最低位触发器 D 输入，前一触发器输出端和后一触发器 D 端连接。设 4 位二进制数码 $d_3 d_2 d_1 d_0 = 1011$，按移位脉冲工作节拍，从高位到低位逐位送到 D 端。根据 D 触发器特性方程 $Q^{n+1} = D$，经第一个 CP 后，$Q_0 = d_3$，经过第 2 个 CP 后，F_0 状态移入 F_1，F_0 移入新数码 d_2，即变成 $Q_1 = d_3$，$Q_0 = d_2$，依此类推，

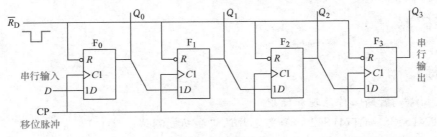

图 8-7 右移寄存器

经过 4 个 CP 脉冲 $Q_3 = d_3$，$Q_2 = d_2$，$Q_1 = d_1$，$Q_0 = d_0$。表 8-3 是右移寄存器状态转换表。可见数码由低位触发器逐位移入高位触发器，是一个右移寄存器。

表 8-3　右移寄存器状态转换表

Q_0	Q_1	Q_2	Q_3	串行输入	CP
d_3	—	—	—	d_3	1
d_2	d_3	—	—	d_2	2
d_1	d_2	d_3	—	d_1	3
d_0	d_1	d_2	d_3	d_0	4

2. 左移寄存器

图 8-8 用 JK 触发器组成的左向（由高位向低位）移位寄存器。

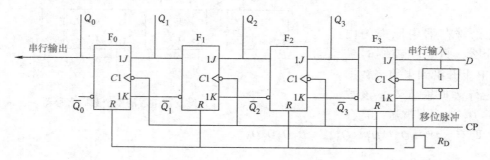

图 8-8　左移寄存器

R_D 为正脉冲清零端，各触发器 CP 连在一起做移位脉冲控制端，最高位触发器转换成 D 触发器，D 端做串行数码输入端，其余各触发器也具有 D 触发器的功能，显然，经过 4 个 CP 后 4 位数据全部存入寄存器。表 8-4 是左移寄存器状态转换表。

表 8-4　左移寄存器状态转换表

Q_0	Q_1	Q_2	Q_3	串行输入	CP
—	—	—	d_0	d_0	1
—	—	d_0	d_1	d_1	2
—	d_0	d_1	d_2	d_2	3
d_0	d_1	d_2	d_3	d_3	4

8.3　译码器

【学习目标】

1）认知译码器的工作原理和使用。

2）CT74LS138、CT74LS42 译码器芯片认识和功能测试。

3）二-十进制译码器 CT74LS42 芯片认识与功能测试。

拓展阅读：译码器
究竟在"破译"什么？

【知识内容】

译码器的功能是将二进制代码的含义进行"翻译"，并转换成相应的输出信号。实现译码功能的数字电路称为译码器。常见的译码器有二进制译码器、二–十进制译码器和显示译码器等。

8.3.1 二进制译码器

二进制译码器是将代码按其原意翻译为相应的输出信号的电路。图8-9是一种常用的由与非门组成的3位二进制译码器。其3个输入端共有8种组合，即对应有8个输出状态，故又称其为3线–8线译码器。

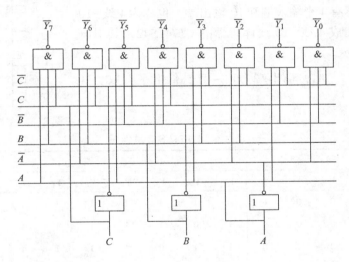

图8-9 3线–8线译码器

图中，3位输入是 A、B、C，8位输出是：$\overline{Y_0} \sim \overline{Y_7}$。输入与输出的逻辑关系见表8-5。

表8-5 3线–8线译码器真值表

输 入 端			输 出 端							
C	B	A	$\overline{Y_0}$	$\overline{Y_1}$	$\overline{Y_2}$	$\overline{Y_3}$	$\overline{Y_4}$	$\overline{Y_5}$	$\overline{Y_6}$	$\overline{Y_7}$
0	0	0	0	1	1	1	1	1	1	1
0	0	1	1	0	1	1	1	1	1	1
0	1	0	1	1	0	1	1	1	1	1
0	1	1	1	1	1	0	1	1	1	1
1	0	0	1	1	1	1	0	1	1	1
1	0	1	1	1	1	1	1	0	1	1
1	1	0	1	1	1	1	1	1	0	1
1	1	1	1	1	1	1	1	1	1	0

实际应用中，常用 CT74LS138 集成 3 线 – 8 线译码器，其引脚排列如图 8-10 所示。

图中，A_0、A_1、A_2 为输入端，$\overline{Y}_0 \sim \overline{Y}_6$ 为输出端。STA、$\overline{STB}$、$\overline{STC}$ 为选通端。在使用时，只有当 STA = 1，$\overline{STB}$ = 0，$\overline{STC}$ = 0 时，才能进行译码工作。

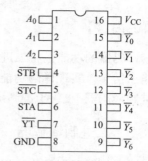

图 8-10 CT74LS138 引脚排列

8.3.2 二–十进制译码器

将二–十进制代码翻译成 0 ~ 9 的 10 个十进制数码的电路称为二–十进制译码器。1 个二–十进制译码器有 4 位二进制代码，所以该译码器有 4 个输入端和 10 输出端，也称为 4 线–10 线译码器。常用集成 4 线–10 线译码器有 CT74LS42，其引脚排列如图 8-11 所示。

其输入端为 $A_0 \sim A_3$，输出端为 $\overline{Y}_0 \sim \overline{Y}_9$，低电平有效。其真值表见表 8-6。

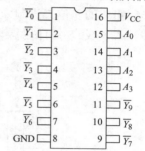

图 8-11 CT74LS42 引脚排列

表 8-6 CT74LS42 真值表

十进制数	输	入			输	出								
	A_3	A_2	A_1	A_0	$\overline{Y}_0$	$\overline{Y}_1$	$\overline{Y}_2$	$\overline{Y}_3$	$\overline{Y}_4$	$\overline{Y}_5$	$\overline{Y}_6$	$\overline{Y}_7$	$\overline{Y}_8$	$\overline{Y}_9$
0	0	0	0	0	0	1	1	1	1	1	1	1	1	1
1	0	0	0	1	1	0	1	1	1	1	1	1	1	1
2	0	0	1	0	1	1	0	1	1	1	1	1	1	1
3	0	0	1	1	1	1	1	0	1	1	1	1	1	1
4	0	1	0	0	1	1	1	1	0	1	1	1	1	1
5	0	1	0	1	1	1	1	1	1	0	1	1	1	1
6	0	1	1	0	1	1	1	1	1	1	0	1	1	1
7	0	1	1	1	1	1	1	1	1	1	1	0	1	1
8	1	0	0	0	1	1	1	1	1	1	1	1	0	1
9	1	0	0	1	1	1	1	1	1	1	1	1	1	0
无关项	1	0	1	0	1	1	1	1	1	1	1	1	1	1
	1	0	1	1	1	1	1	1	1	1	1	1	1	1
	1	1	0	0	1	1	1	1	1	1	1	1	1	1
	1	1	0	1	1	1	1	1	1	1	1	1	1	1
	1	1	1	0	1	1	1	1	1	1	1	1	1	1
	1	1	1	1	1	1	1	1	1	1	1	1	1	1

8.3.3 数码显示器及七段显示器

1. 数码显示器

数字显示电路通常由译码器、驱动器和显示器等部分组成。

数码显示器就是用来显示数字的器件。现已有多种不同类型的产品，广泛应用于多种数字装置中。数码显示器是将数字电路中的二进制数码，用直观的十进制数在显示元件上显示出来的电路。显示元件很多，使用最为广泛的是七段数码管，其结构及字形表如图8-12所示。

七段数码管有七个能发光的"段"，发光段可由辉光数码管、荧光数码管、LED（发光二极管）数码管或LCD（液晶显示器）数码管等构成。以下介绍使用较广的几种数码管及其显示电路。

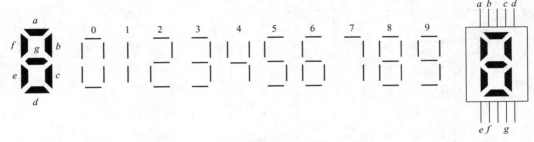

图8-12 七段数码管的结构及字形表

LED数码管由7个发光二极管组成。常用的发光二极管的颜色有红色、黄色和绿色3种。

LED显示器有共阴极接法和共阳极接法，其结构如图8-13所示。采用共阳极接法时，若想要某段发光，该段相应的二极管应经限流电阻R接低电平。采用共阴极接法时，若想要某段发光，该段相应的二极管应经限流电阻R接高电平。$a \sim g$各段和译码驱动器的相应输出端连接，选择不同的字段发光，就可以组成不同的字形。

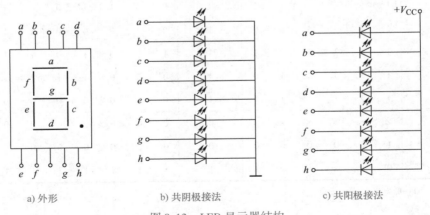

a) 外形 b) 共阴极接法 c) 共阳极接法

图8-13 LED显示器结构

液晶显示器也称为LCD，它的最大优点是电压低、功耗小。液晶是一种有机化合物，它的颜色和透明度随电场而变化。可以用电压来控制显示部位发光或不发光来显示。LCD问世较晚，但其发展很快，应用十分广泛。

2. 七段显示译码器

将七段显示器与译码器组合起来，由译码器的输出来控制七段显示器哪些段发光，哪些段不发光，就实现了显示译码功能。常用的译码与驱动集成电路有 CT74LS248 等。图 8-14 是 CT74LS248 的引脚排列。其中 $A_0 \sim A_3$ 为输入端，$Y_a \sim Y_g$ 为七段码输出端，高电平有效，可驱动共阴极 LED 数码管。$\overline{\text{BI}}/\text{RBO}$ 和 $\overline{\text{RBI}}$ 为消隐输入端，$\overline{\text{LT}}$ 为灯测试输入端。其真值表见表 8-7。

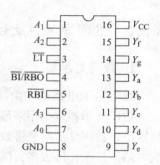

图 8-14　CT74LS248 引脚排列

表 8-7　CT74LS248 真值表

十进制数或功能	输入						$\overline{\text{BI}}/\overline{\text{RBO}}$	输出							字形
	$\overline{\text{LT}}$	$\overline{\text{RBI}}$	A_3	A_2	A_1	A_0		Y_a	Y_b	Y_c	Y_d	Y_e	Y_f	Y_g	
0	1	1	0	0	0	0	1	1	1	1	1	1	1	0	0
1	1	×	0	0	0	1	1	0	1	1	0	0	0	0	1
2	1	×	0	0	1	0	1	1	1	0	1	1	0	1	2
3	1	×	0	0	1	1	1	1	1	1	1	0	0	1	3
4	1	×	0	1	0	0	1	0	1	1	0	0	1	1	4
5	1	×	0	1	0	1	1	1	0	1	1	0	1	1	5
6	1	×	0	1	1	0	1	1	0	1	1	1	1	1	6
7	1	×	0	1	1	1	1	1	1	1	0	0	0	0	7
8	1	×	1	0	0	0	1	1	1	1	1	1	1	1	8
9	1	×	1	0	0	1	1	1	1	1	1	0	1	1	9
10	1	×	1	0	1	0	1	0	0	0	1	1	0	1	c
11	1	×	1	0	1	1	1	0	0	1	1	0	0	1	⊐
12	1	×	1	1	0	0	1	0	1	0	0	0	1	1	∪
13	1	×	1	1	0	1	1	1	0	0	1	0	1	1	⊏
14	1	×	1	1	1	0	1	0	0	0	1	1	1	1	-
15	1	×	1	1	1	1	1	0	0	0	0	0	0	0	⌐
消隐	×	×	×	×	×	×	0	0	0	0	0	0	0	0	
脉冲消隐	1	0	0	0	0	0	0	0	0	0	0	0	0	0	
灯测试	0	×	×	×	×	×	1	1	1	1	1	1	1	1	8

1—高电平；0—低电平；×—任意。

显示结果：

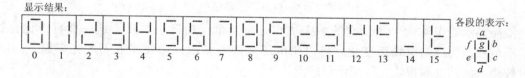

各段的表示：

a
f | g | b
e | | c
d

习 题 8

一、填空题

1. 时序逻辑电路按其不同的状态改变方式，可分为_____时序逻辑电路和_____时序逻辑电路，前者设置统一的时钟脉冲，后者不设置统一的时钟脉冲。

2. 时序逻辑电路在结构上有两个特点：其一是包含触发器等构成的_____电路，其二是内部存在_____通路。

3. 8位二进制数能表示十进制数的最大值是_____。

4. 构成2^n进制的计数器，共需要_____个触发器。

5. 用来累计和寄存输入脉冲数目的部件是_____。

6. 译码器输入是_____，输出是_____。

7. 数字显示电路通常由_____、_____、_____部件组成。

8. 组合逻辑电路的特点是_____、_____，与组合逻辑电路相比，时序逻辑电路的输出不仅仅取决于此刻的_____，还与电路的_____有关。

二、判断题（对的画√，错的画×）

1. 构成计数器电路的器件必须具有记忆能力。 （ ）

2. 移位寄存器只能串行输出。 （ ）

3. 移位寄存器每输入一个时钟脉冲，电路中只有一个触发器翻转。 （ ）

4. 移位寄存器就是数码寄存器，它们没有区别。 （ ）

三、分析题

1. 画出图8-15所示时序电路的状态图，并说明电路的功能。

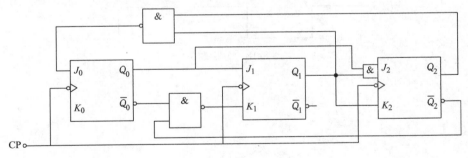

图8-15 分析题1

2. 显示译码器框图如图8-16所示，要显示数字"6"，则七段显示译码器输出$a \sim g$应为什么？

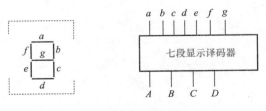

图8-16 分析题2

3. 寄存器有何功能？有哪几种寄存器？

4. 数码寄存器和移位寄存器有什么区别？

5. 如图 8-17 所示，由边沿 JK 触发器组成时序逻辑电路，写出电路的驱动方程、状态方程，画出状态转换图。

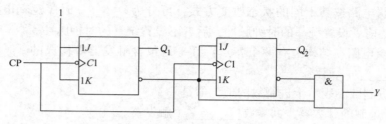

图 8-17　分析题 5

6. 试用 JK 触发器和门电路设计一个十三进制计数器，并检查设计的电路能否自启动。

7. 由边沿触发的 D 触发器组成的 4 位移位寄存器如图 8-18 所示，CP 和 D_1 波形已知，画出 Q_0、Q_1、Q_2、Q_3 的波形。

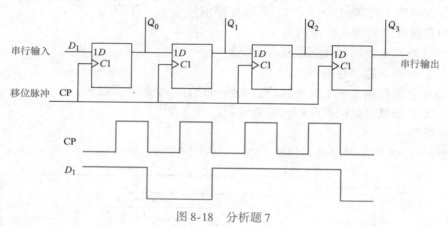

图 8-18　分析题 7

附　录

附录 A　模拟测试题及参考答案

A.1　模拟测试题一

一、填空题（每空 1 分，共 25 分）

1. 电路是由_____、_____、_____三部分组成的。

2. 电源电动势与电源电压大小_____，方向_____。

3. 如图 A-1 所示，则 $I =$ _____。

4. 图 A-2 中，$U_{ab} = 10\text{V}$，则电压 $U =$ _____。

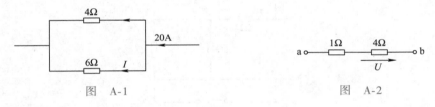

图　A-1　　　　　　　　　　　　　图　A-2

5. 已知 $u = 220\sin(314t + 150°)\text{V}$，则：$U_m =$ _____，$U =$ _____，$\omega =$ _____，$f =$ _____，$T =$ _____，$\varphi_u =$ _____，若有 $i = 20\sin(314t + 120°)\text{A}$，则 u 与 i 的相位关系是_____。

6. 描述正弦量的三要素是_____、_____、_____。其中角频率、周期、频率之间的关系是_____。

7. 用电流表测得一正弦交流电路的电流为 8A，则其最大值为_____。

8. 三相交流电的正相序为_____，逆相序为_____。

9. 三相电源的连接方式有_____与_____两种，常采用_____方式供电。

10. 图 A-3 中，设三相负载是对称的，已知接在电路中的电压表 V_2 的读数是 660V，则电压表 V_1 的读数是_____。

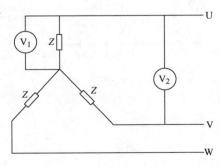

图　A-3

二、判断题 (每题 1 分, 共 10 分)

1. 理想电流源输出恒定的电流, 其输出端电压由内电阻决定。 (　　)
2. 因为正弦量可以用相量表示, 所以相量就是正弦量。 (　　)
3. 自耦变压器由于一、二次侧有电的联系, 故不能作为安全变压器使用。 (　　)
4. 电动机的额定功率是指电动机轴上输出的机械功率。 (　　)
5. 三相对称电路中, 负载作星形联结时, 线电压等于相电压。 (　　)
6. 电阻、电流和电压都是电路中的基本物理量。 (　　)
7. 电压是产生电流的根本原因, 因此电路中有电压必有电流。 (　　)
8. 正弦量的三要素是指最大值、角频率和相位。 (　　)
9. 负载作星形联结时, 必有线电流等于相电流。 (　　)
10. 一个实际的电感线圈, 在任何情况下呈现的电特性都是感性。 (　　)

三、分析计算题 (共 65 分)

1. 画出图 A-4 所示电路的等效电路, 写出等效电阻表达式并计算。(10 分)

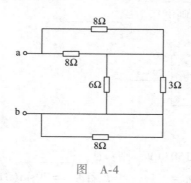

图　A-4

2. 如图 A-5 所示, 请用支路电流法求解, 只列方程。(15 分)

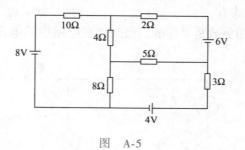

图　A-5

3. 如图 A-6 所示，$U = 10\text{V}$，$I_\text{S} = 5\text{A}$，$R_1 = 3\Omega$，$R_2 = 2\Omega$。试用叠加原理、戴维南定理，计算 R_2 的电流 I。（20 分）

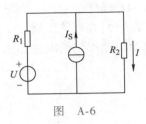

图　A-6

4. 一个 $R = 10\Omega$ 的电阻接在 $u = 220\sqrt{2}\sin(314t + 30°)\text{V}$ 的电源上。（1）求流过电阻的电流有效值；（2）写出电流的瞬时值表达式；（3）求电阻上的有功功率 P。（10 分）

5. 设计题：画出具有互锁功能的电动机正反转电路。要求：（1）画出主电路和控制电路；（2）电动机可实现单独起动、单独停车控制；（3）具有短路、过载、欠电压保护。（10 分）

A.2　模拟测试题一参考答案

一、填空题

1. 电源、负载、中间环节

2. 相等、相反

3. 8A

4. 8V

5. 220V、$220/\sqrt{2}\text{V}$、314rad/s、50Hz、0.02s、150°、电压超前电流30°

6. 最大值、角频率、初相角、$\omega = 2\pi f = 2\pi/T$

7. $8\sqrt{2}\text{A}$

8. U—V—W、U—V—W

9. 星形联结、三角形联结、星形联结

10. $660/\sqrt{3}\text{V}$

二、判断题

1. ×　2. ×　3. √　4. √　5. ×　6. ×　7. ×　8. ×　9. √　10. ×

三、分析计算题

1. 解：等效电路如图 A-7 所示。

等效电阻 $R_{ab} = 8\Omega // 8\Omega + 6\Omega // 3\Omega = 6\Omega$

2. 根据学生标注的电流参考方向判断方程的正误。

3. 解：电压源单独作用和电流源单独作用的电路如图 A-8a、b 所示。

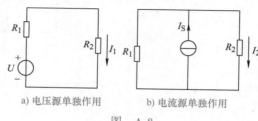

a) 电压源单独作用　　　　　b) 电流源单独作用

图 A-8

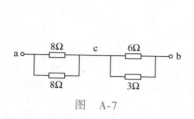

图 A-7

电压源单独作用时　　　　　$I_1 = U_S/(R_1 + R_2) = 2A$

电流源单独作用时　　　　　$I_2 = I_S R_1/(R_1 + R_2) = 3A$

故 R_2 的电流　　　　　　　$I = I_1 + I_2 = 5A$

4. 略

5. 略

A.3　模拟测试题二

一、填空题（每空 2 分，共 40 分）

1. 逻辑代数有_____、_____和逻辑非三种基本运算。

2. n 个变量有_____个最小项。

3. $(254.25)_{10} = (\underline{\qquad})_2$

4. 与组合逻辑电路不同，时序逻辑电路的特点是：任何时刻的输出信号不仅与_____有关，还与_____有关，是_____（a. 有记忆性 b. 无记忆性）逻辑电路。

5. 在单晶硅（或者锗）中掺入微量的五价元素，如磷，形成掺杂半导体，大大提高了导电能力，这种半导体中_____数远大于_____数，所以靠_____导电。将这种半导体称为_____半导体或_____半导体。

6. PN 结具有_____导电性，即加_____电压时 PN 结导通。

7. 晶体管具有_____作用和_____作用。晶体管最基本和最重要的特性是_____作用，扩音器就是利用这个特性实现对声音的放大，所以晶体管电流放大的实质是以微小的电流_____较大的电流。

8. 整流是将交流电压转换为直流电压，但这种电压的_____程度比较大。为了获得平滑的输出电压，可在整流电路后面再加上_____电路。

二、判断题（每题 2 分，共 10 分）

1. 组合逻辑电路在任何时刻的输出信号稳态值仅与该时刻电路的输入信号有关。（　　）

2. 使用共阴极接法的数码管时，"共"端应接高电平。（　　）

3. 在实际工作中整流二极管和稳压二极管可互相代替。（　　）

4. 放大电路放大的实质就是用输出信号控制输入信号。（　　）

5. 触发器是数字电路中非记忆的基本逻辑单元。（　　）

三、分析计算题（共 50 分）

1. 边沿 JK 触发器如图 A-9a 所示，输入 CP、J、K 端的波形如图 A-9b 所示，试对应画出输出 Q 和 $\overline{Q}$ 端的波形。设触发器的初始状态为 $Q = 0$。

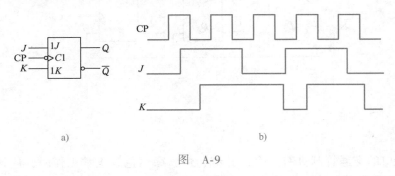

图　A-9

2. 图 A-10 所示为单管放大电路，晶体管 VT 的 $\beta = 100$，$r_{be} = 2\mathrm{k}\Omega$。试：
（1）画出该放大电路的直流通路及交流通路。
（2）估算这个放大器的静态工作点。
（3）求该放大电路的放大倍数。
（4）求该放大电路的输入电阻、输出电阻。

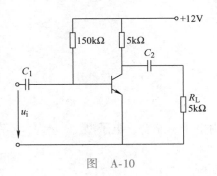

图　A-10

3. 图 A-11 所示电路中的集成运算放大器是理想的，试推导电路的输出电压与各输入电压的关系式。

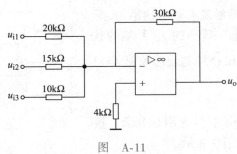

图　A-11

4. 图 A-12 是由 D 触发器组成的异步二进制加法计数器, 试简述其原理。

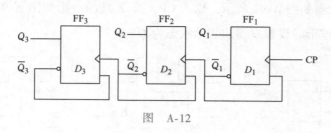

图 A-12

5. 交叉路口的交通管制灯有三个, 分红、黄、绿三色。正常工作时, 应该只有一盏灯亮, 其他情况均属电路故障。试设计故障报警电路。

(1) 列真值表;(2) 写出逻辑表达式并化简;(3) 画出逻辑图。

A. 4 模拟测试题二参考答案

一、填空题

1. 逻辑与、逻辑或

2. 2^n

3. 11111110. 01

4. 输入信号、原来状态、a

5. 自由电子、空穴、自由电子、N 型、电子型

6. 单向、正向

7. 开关、放大、放大、控制

8. 脉动、滤波

二、判断题

1. √ 2. × 3. × 4. × 5. ×

三、分析计算题

1. 解:图 A-9a 为下降沿触发有效的边沿 JK 触发器, 根据 CP 下降沿到来前一瞬间的 J、K 端的状态, 决定输出状态。输出 Q 和 $\overline{Q}$ 端的波形如图 A-13 所示。

2、3、4. 略

5. 解:设定灯亮用 1 表示, 灯灭用 0 表示;报警状态用 1 表示, 正常工作用 0 表示。

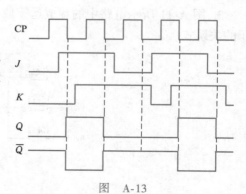

图 A-13

红、黄、绿三灯分别用 A、B、C 表示，电路输出用 Y 表示。列出真值表见表 A-1 可得到电路的逻辑表达式为

$$Y = \overline{A}\,\overline{B}\,\overline{C} + AB + BC + AC$$

若限定电路用与非门构成，则逻辑表达式可改写为

$$Y = \overline{\overline{A\,\overline{B}\,\overline{C}} \cdot \overline{AB} \cdot \overline{BC} \cdot \overline{AC}}$$

据此表达式构出的电路逻辑图如图 A-14 所示。

表 A-1　题 5 真值表

输　　入			输　　出
A	B	C	Y
0	0	0	1
0	0	1	0
0	1	0	0
0	1	1	1
1	0	0	0
1	0	1	1
1	1	0	1
1	1	1	1

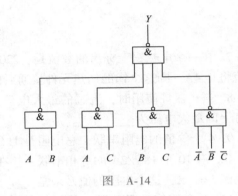

图　A-14

A.5　模拟测试题三

一、填空题（每空 1.5 分，共 30 分）

1. 图 A-15 所示电路中的 $U_{AB} =$ _____。

2. 电源电动势与电源电压大小_____，方向_____。

3. 图 A-16 所示电路中，2Ω 电阻的电功率等于_____，此功率是_____（填吸收或发出）。

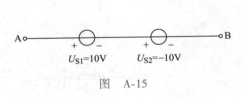

图　A-15

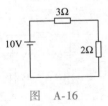

图　A-16

4. 图 A-17 所示电路中，电流 $I =$ _____。

5. 图 A-18 所示电路中 $U_{ab} = 10V$，则电压 $U =$ _____。

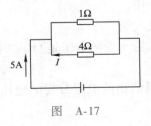

图　A-17

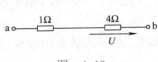

图　A-18

6. 电路如图 A-19 所示，则电流 $I_1 = $ _____，$I_2 = $ _____。

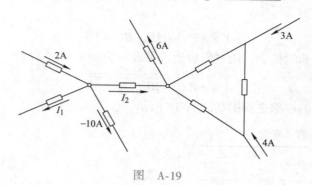

图 A-19

7. 在一个电热锅上标出的数值是：220V/4A。这表示这个锅必须接 220V 电源，此时的电流将是 4A。则这个锅的加热元件接通后的电阻是 _____。

8. 当一盏灯使用时，流过的最大电流是 2.5A，灯亮时灯丝的电阻是 9.6Ω，则可以加在灯上的最大电压为 _____。

9. 4 个等值的电阻串联，总电阻是 1kΩ，那么各个电阻的阻值是 _____。

10. 有 10 个 18V/2A 的灯相串联，接在 220V 的电压上。在电路中串接一电阻，使流过的电流 $I = 2$ A，这个电阻的值必须是 _____。

11. 3 个等值电阻并联，其等效电阻是 3kΩ。如果把这 3 个电阻串联，它们的总电阻是 _____。

12. 给功率为 60W 的用电器供电 3 天，供给的电能是 _____。若电价为 0.30 元/(kW·h)，则该用电器需付的电费是 _____。

13. 感应电流产生的磁场方向总是要 _____，这就是楞次定律。

14. 图 A-20 所示电路中，$I = $ _____。

15. 电路如图 A-21 所示，当 R_2 增大时 A 点电位 _____，B 点电位 _____。（升高或降低）

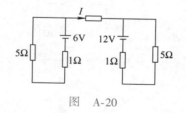

图 A-20

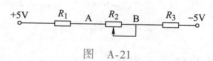

图 A-21

二、判断题（每题 1 分，共 10 分）

1. 中间环节在电路中起到了连接电源和负载的作用。 （　　）

2. 蓄电池在电路中是电源，总是把化学能转换成电能。 （　　）

3. 额定电压为 220V、功率为 100W 的设备，当实际承受的电压是 110V 时，负载的实际功率是 50W。 （　　）

4. 电阻串联时，阻值大的电阻分得的电压大，阻值小的电阻分得的电压小，但通过的电流是一样的。 （　　）

5. 要扩大电流表的量程，应串联一个适当阻值的电阻。 （　　）

6. 将一根 4Ω 的粗细均匀的电阻丝等分成两段，再并联使用，则电阻变为 2Ω。（　　）

7. 电路中某一点的电位具有相对性，只有参考点确定后该点的电位值才能确定。 （　　）

8. 利用 KCL 列写节点电流方程时，必须已知支路电流的实际方向。 （　　）

9. 磁体有两个极，一个叫 N 极，一个叫 S 极，若把磁体截成两段，则一段为 N 极，另一段为 S 极。 （　　）

10. 线圈中感应电动势的大小与穿过线圈的磁通的变化量成正比。 （　　）

三、计算题（共 60 分）

1. 试求图 A-22 所示电路中的电压 U_{ab}。

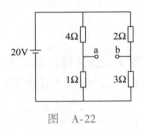

图　A-22

2. 求图 A-23 电路中电阻 R_2 的电流 I_2。

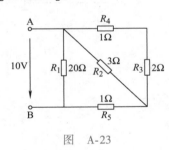

图　A-23

3. 图 A-24 所示电路中，已知电源端电压 $U = 10V$，$R_1 = R_6 = 2\Omega$，$R_2 = 4\Omega$，$R_3 = 1\Omega$，$R_4 = R_5 = 6\Omega$。试计算 A、B、C 三点的电位。

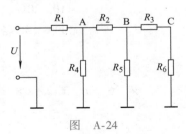

图　A-24

4. 分别用戴维南定理和叠加定理求图 A-25 所示电路中的电流 I。

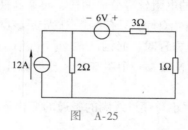

图　A-25

5. 图 A-26 所示电路是由变压器 T、整流桥、滤波电容器 C_1、C_2 和三端集成稳压器 IC（W7809）构成的典型直流稳压电路，试分析其工作原理。

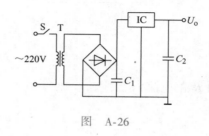

图　A-26

A.6　模拟测试题三参考答案

一、填空题

1. 0

2. 相等、相反

3. 8W、吸收

4. −1A

5. 8V

6. 13A、−1A

7. 55Ω

8. 24V

9. 250Ω

10. 20Ω

11 ~ 15. 略

二、判断题

1. √　2. √　3. ×　4. √　5. ×　6. ×　7. √　8. ×　9. ×　10. ×

三、计算题

略

附录 B　半导体器件的型号命名与主要参数简介

1. 半导体二极管与晶体管的型号组成及其意义

第一部分		第二部分		第三部分		第四部分	第五部分
用阿拉伯数字表示器件的电极数目		用汉语拼音字母表示器件的材料和极性		用汉语拼音字母表示器件的类型		用阿拉伯数字表示器件的登记顺序号	用汉语拼音字母表示规格号
符号	意义	符号	意义	符号	意义		
2	二极管	A	N 型锗	P	小信号管		
		B	P 型锗	Z	整流管	登记顺序号与规范号用以区别同一类型但不同规格的产品，表示它们在某些性能参数上的差别	
		C	N 型硅	W	电压调整管和电压基准管		
		D	P 型硅				
		E	化合物或合金材料				
3	晶体管	A	PNP 型、锗材料	K	开关管		
		B	NPN 型、锗材料	X	低频小功率管		
		C	PNP 型、硅材料	G	高频小功率管		
		D	NPN 型、硅材料	D	低频大功率管		
		E	化合物或合金材料	A	高频大功率管		

注：截止频率 $f_a < 3\mathrm{MHz}$ 为低频管、$f_a > 3\mathrm{MHz}$ 为高频管。

耗散功率 $P_C < 1\mathrm{W}$ 为小功率管、$P_C > 1\mathrm{W}$ 为大功率管。

示例：

（1）N 型硅普通二极管　　　　（2）P 型硅稳压二极管

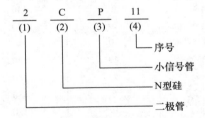

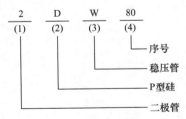

（3）PNP 型锗高频小功率晶体管　　（4）NPN 型硅低频大功率晶体管

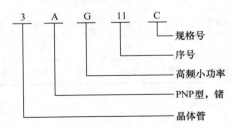

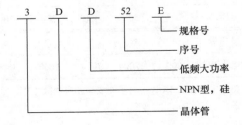

2. 半导体二极管的型号与主要参数

（1）2AP 型锗二极管

型号　　参数	最大整流电流（平均值）I_{FM}/mA	最高反向工作电压（峰值）U_{RM}/V	反向击穿电压$U_{R(BR)}/V$	反向电流$I_R/\mu A$	最高工作频率f/MHz
2AP1	16	20	≥40	≤250	150
2AP7	12	100	≥150	≤250	150
2AP10	5	30	40		100
2AP12	40	10			40
2AP22	16	30	45		100
2AP27	8	150	200		100

（2）2CZ 型硅整流二极管

型号　　参数	最大整流电流I_{FM}/A	最高反向工作电压 U_{RM}/V	正向压降U_F/V	反向电流$I_R/\mu A$	额定结温$T_j/℃$
2CZ50A ~ X	0.03	25 ~ 3000（见按规格号分档栏）	≤1.2	5	150
2CZ51A ~ X	0.05		≤1.2	5	150
2CZ52A ~ X	0.1		≤1.0	5	150
2CZ53A ~ X	0.3		≤1.0	5	150
2CZ54A ~ X	0.5		≤1.0	10	150
2CZ55A ~ X	1		≤1.0	10	150
2CZ56A ~ X	3		≤0.8	20	140
2CZ57A ~ X	5		≤0.8	20	140
2CZ58A ~ X	10		≤0.8	30	140
2CZ59A ~ X	20		≤0.8	40	140
2CZ60A ~ X	50		≤0.8	50	140
2CZ80A ~ X	0.03		≤1.2	5	130
2CZ84A ~ X	0.5		≤1	10	130

最高反向电压按规格号分档	规格号	A	B	C	D	E	F	G	H	J	K	L
	电压/V	25	50	100	200	300	400	500	600	700	800	900
	规格号	M	N	P	Q	R	S	T	U	V	W	X
	电压/V	1000	1200	1400	1600	1800	2000	2200	2400	2600	2800	3000

注：整流电流在 0.5A 以上者需要安装相应的散热片。

3. 晶体管的型号与主要参数

（1）低频小功率晶体管

新型号	原型号	最大集电极电流 I_{CM}/mA	集电极最大耗散功率 P_{CM}/mW	集-射反向击穿电压 $U_{CE(BR)}$/V	电流放大系数 β	集-基反向饱和电路 I_{CBO}/μA
3AX51A	3AX17	100	100	12	40~150	≤12
3AX51B	3AX31			12	40~150	
3AX51C				18	30~100	
3AX51D				24	25~70	
3AX52A	3AX1~14	150	150	12	40~150	≤12
3AX52B	3AX18~23			12	40~150	
3AX52C	3AX34			18	30~100	
3AX52D				24	25~70	
3AX53A	3AX81	200	200	12	30~200	≤20
3AX53B	3AX45	300		18		
3AX53C		300		24		
3AX54A	3AX25	160	200	35	20~110	≤100
3AX54B				40		≤100
3AX54C				60		≤50
3AX54D				70		≤50
3AX55A	3AX61~63	500	500	20	30~150	≤80
3AX55B				30		
3AX55C				45		
	3BX31A	125	125	≥10	30~200	≤20
	3BX31B			≥15	50~150	≤15
	3BX31C			≥20		≤10
	3BX81A	200	200	10	30~250	≤30
	3BX81B			20	30~200	≤15
	3BX81C			10	30~250	≤30

（2）高频小功率晶体管

型号	最大集电极电流 I_{CM}/mA	集电极最大耗散功率 P_{CM}/mW	集-射反向击穿电压 $U_{CE(BR)}$/V	电流放大系数 β	集-基反向饱和电流 I_{CBO}/μA	特征频率 f_T/MHz
3DG4A	30	300	≥30	20~180	≤1	≥200
3DG4B			≥15	20~180		≥200
3DG4C			≥30	20~180		≥200
3DG4D			≥15	20~180		≥300
3DG4E			≥30	20~180		≥300
3DG4F			≥15	20~250		≥150

（续）

型号	最大集电极电流 I_{CM}/mA	集电极最大耗散功率 P_{CM}/mW	集-射反向击穿电压 $U_{CE(BR)}$/V	电流放大系数 β	集-基反向饱和电流 I_{CBO}/μA	特征频率 f_T/MHz
3DG5A			≥15	≥20		≥30
3DG5B			≥25	≥30		≥60
3DG5C	50	500	≥35	≥50	≤0.1	≥60
3DG5D			≥45	≥30		≥60
3DG5E			≥45	≥50		≥60
3DG6A			15	10~200	≤0.1	≥100
3DG6B	20	100	20	20~200	≤0.01	≥150
3DG6C			20	20~200	≤0.01	≥250
3DG6D			30	20~200	≤0.01	≥150
3DG12			15		≤10	100
3DG12A	300	700	30	20~200	≤1	100
3DG12B			45		≤1	200
3DG12C			30		≤1	300
3DG27A			75			
3DG27B	300	1000	100	≥10	≤1	≥100
3DG27C			150			

（3）低频大功率晶体管

新型号	原型号	最大集电极电流 I_{CM}/A	集电极最大耗散功率 P_{CM}/W	集-射反向击穿电压 $U_{CE(BR)}$/V	电流放大系数 β	集-基反向饱和电流 I_{CBO}/mA
3AD50A	3AD6A			≥18		
3AD50B	3AD6B	3	10	≥24	20~140	≤0.3
3AD50C	3AD6C			≥30		
3AD53A	3AD30A			≥12		
3AD53B	3AD30B	6	20	≥18	20~140	≤0.5
3AD53C	3AD30C			≥24		
3AD57A	3AD725					
3AD57B	3AD725	20	100	≥20	20~140	≤1.2
3AD57C	3AD725					
	3BD6A			12		≤0.4
	3BD6B	2	10	24	12~150	≤0.3
	3BD6C			30		≤0.3
3DD64A	3DD6A			≥30		
3DD64B	3DD6B			≥50		
3DD64C	3DD6C	5	50	≥80	≥10	≤0.5
3DD64D	3DD6D			≥100		
3DD64E	3DD6E			≥150		

注：大功率管需加相应的散热器。

（4）开关晶体管

型号	最大集电极电流 I_{CM}/mA	集电极最大耗散功率 P_{CM}/mW	集-射反向击穿电压 $U_{CE(BR)}$/V	电流放大系数 β	特征频率 f_T/MHz	集-基反向饱和电流 I_{CBO}/μA
3AK5A	35	50	10	30～200	20	≤5
3AK17C	100	100	15	30～200	50	≤5
3AK37F	300	300	15	30～150	100	≤5
3CK2A	50	300	>15	>40	150	≤1
3CK3H	200	500	≥20	>20	≥150	≤2
3DK1A	30	100	≥20	30～200	≥200	≤0.1
3DK3E	800	700	60	25～80	120	1
3DK43		1500	20	25～150	120	1

附录 C　半导体集成电路的型号命名与主要参数

1. 半导体集成电路的型号组成及其意义

第0部分		第一部分		第二部分	第三部分		第四部分	
用字母表示器件符合国家标准		用字母表示器件的类型		用阿拉伯数字表示器件的系列和品种代号	用字母表示器件的工作温度范围		用字母表示器件的封装	
符号	意　义	符号	意　义		符号	意　义	符号	意　义
C	中国制造	T	TTL		C	0～47℃	W	陶瓷扁平
		H	HTL		E	−40～85℃	B	塑料扁平
		E	ECL		R	−55～85℃	F	全密封扁平
		C	CMOS		M	−55～125℃	D	陶瓷双列直插
		F	线性放大器		⋮	⋮	P	塑料双列直插
		D	音响、电视电路				J	黑陶瓷双列直插
		W	稳压器				K	金属菱形
		J	接口电路				T	金属圆形
		B	非线性电路				⋮	⋮
		M	存储器					
		μ	微型机电路					
		⋮	⋮					

例：肖特基 TTL4 输入双与非门

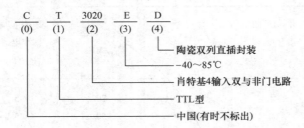

C　T　3020　E　D
(0)　(1)　(2)　(3)　(4)

　　　　　　　　└── 陶瓷双列直插封装
　　　　　　└──── -40～85℃
　　　　└────── 肖特基4输入双与非门电路
　　└──────── TTL型
　└────────── 中国(有时不标出)

2. TTL 集成电路型号命名规则

1）T000 系列——1976 年 5 月原四机部颁布"半导体集成电路 TTL 电路系统和品种"之后，我国生产的 TTL 集成电路才有统一的型号，即 T000 系列，其型号的组成及其意义举例如下。

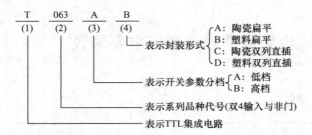

T　063　A　B
(1)　(2)　(3)　(4)

　　　　　　　　　　A: 陶瓷扁平
　　　　　　　　　　B: 塑料扁平
　　└── 表示封装形式 ├ C: 陶瓷双列直插
　　　　　　　　　　D: 塑料双列直插
　　　　　　　　　A: 低档
　　── 表示开关参数分档 ├ B: 高档
　── 表示系列品种代号(双4输入与非门)
── 表示TTL集成电路

2）T000 系列——1997 年我国又选取了与国际 54/74TTL 系列完全一致的品种作为优选系列品种，并统一了型号，即 T0000 系列，现举例说明。

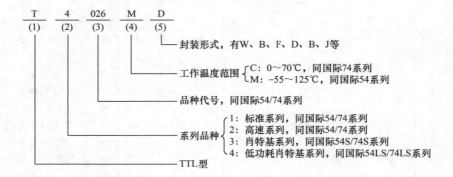

T　4　026　M　D
(1)　(2)　(3)　(4)　(5)

　　　　　　　　└── 封装形式，有W、B、F、D、B、J等
　　　　　　　　　C: 0～70℃，同国际74系列
　　　　── 工作温度范围 ├ M: -55～125℃，同国际54系列
　　── 品种代号，同国际54/74系列
　　　　　　　　　1: 标准系列，同国际54/74系列
　　　　　　　　　2: 高速系列，同国际54/74系列
　── 系列品种 ├ 3: 肖特基系列，同国际54S/74S系列
　　　　　　　　　4: 低功耗肖特基系列，同国际54LS/74LS系列
── TTL型

3. CMOS 集成电路型号简介

国产 CMOS 集成电路有两个系列品种，即 C000 系列和 CC4000 系列。其中，C 系列为部标型号产品，工作电压为 7～15V；CC 系列国标型号产品，工作电压为 3～18V。后者可以与 TTL 集成电路的电源电压兼容。CC4000 型号中的末三位数字与国际 CD4000、MC1400 系列的末三位数字对应。

4. 数字集成电路常用系列品种代号摘录

集成电路名称	T000 系列	T0000 系列	C000 系列
四输入双与门	T069	T4021	C031
四输入双或门			C032
二输入四与非门	T065	T4000	C036
四输入双与非门	T063	T4020	C034
四输入双或非门			C037
六非门	T082	T4004	C033
双与或非门（2～3 输入）	T087		
异或门	T075（双）	T4086（四）	C630
单 JK 触发器	T078		
双 JK 触发器	T079	T4112	C014
单 D 触发器	T076		
双 D 触发器	T077	T4074	C013
二–五–十进制计数器	T210	T4290	C271，C180
3 线–8 线译码器	T330	T4138	
4 线–10 线译码器	T331	T4042	C310
七段字形译码器	T339	T4048	C273，C306

5. 常用集成运算放大器的主要参数

型号（新）	型号（旧）	开环电压增益 A_o	输入电阻 $r_i/k\Omega$	共模抑制比 K_{CMR}/dB	静态功耗 P_C/mW	电源电压 U_{CC}、$-U_{CC}/V$	最大共模输入电压 U_{iCM}/V	最大输出电压 U_{OM}/V	输入失调电压 U_{io}/mV	输入失调电流 I_{io}/nA	输入基极电流 I_{iB}/nA	失调电压温漂 dU_{IO}/dT（$\mu V/℃$）
F001B	BG301	≥2000	20	≥70	≤150	+12、-6	+0.7～-3.5	≥±4.5	≤5	≤2000	≤7000	≤30
F003A	FC3	≥7000	50～250	≥65	≤150	+15、-15	10	≥±8	≤8	≤400	≤2000	≤20
F005C	4E304	≥2×10^4	50～300	≥90	≤150	+15、-15	±10	≥±12	≤2	≤100	≤700	5
F006A	8FC4	≥80dB	1000	≥70	≤120	+15、-15	±13	≥18	≤10	≤500	≤1000	10
F007	5G24 FC4 DL741	≥100dB	2000	86	≤150	+15、-15	±13	±12	≤10	≤300	≤1000	
F054A	4E321	7000		≥70	≤150	+12、-12	±7	≥±8	≤8	≤5	≤10	

6. W7800 系列三端输出电压固定式集成稳压器的主要参数

主 要 参 数	参 数 值
最大输入电压/V	35
最小输入输出电压之差/V	2 ~ 3
输出电压/V①	5、6、8、12、15、18、24
最大输出电流/A	1. 5
电压调整率/%	0. 1 ~ 0. 2
输出阻抗/MΩ	30 ~ 150

① W7900 系列输出电压为负值。

型　号	W7805	W7806	W7808	W7812	W7815	W7818	W7824
输出电压（V）	5	6	8	12	15	18	24

附录 D　部分习题参考答案

第 1 章

5. $2:1$、$1:2$

6. 5W、5W

8. 12A、-3mA

9. 12A

10. 6Ω、3.5Ω

12. a

13. $19k\Omega$

14. 10Ω

15. $V_A = 60V$，$V_B = 40V$

16. a）5W，吸收功率；b）-20W，发出功率；c）10W，吸收功率；d）-10W，发出功率

17. （1）$I_3 = 4A$，$I_4 = 6A$，$I_6 = 0$

　　（2）$U_2 = 5V$，$U_5 = 3V$，$U_6 = -1V$

18. $R_{闭} = 75\Omega$，$R_{断} = 80\Omega$

19. $I = 2A$，$I_2 = \dfrac{2}{3}A$

20. $V_A = 11V$，$V_B = 5V$，$U_{AB} = 6V$

21. $I_1 = 3A$，$I_2 = 1A$，$I_3 = -2A$

第 2 章

1. $10\sqrt{2}$、10、3140、500、0.002、120°

2. $8\sqrt{2}$

3. 周期

4. 频率

5. $\omega = 2\pi f = \dfrac{2\pi}{T}$

6. 最大值、角频率、初相位

7. 反比、反比

8. 正比、正比

9. 1、0、1

10. U—V—W

11. 星形连接、三角形连接、星形连接

12. 电击、电伤

13. 保护接地、保护接零

第 3 章

5. $K = 2$，$N_1 = 700$ 匝

6. $I_1 = 10A$，$I_2 = 45A$

7. $U_2 = 200V$，$I_1 = 4A$

第 4 章

4. （1）按下起动按钮 SB_1，其动合触点闭合，其动断触点断开，吸引线圈 KM 得电，主电路交流接触器 KM 主触点闭合，电动机实现点动。

（2）按下起动按钮 SB_2，其动合触点闭合，吸引线圈 KM 得电，主电路交流接触器 KM 主触点闭合，控制电路的交流接触器 KM 辅助动合触点闭合，电动机实现长动。

（3）按下停止按钮 SB_3，吸引线圈 KM 断电，交流接触器的主触点和辅助触点均断开，电动机停止工作。

第 5 章

1. 自由电子、空穴、自由电子、空穴、自由电子、空穴

2. 单向、正偏导通、反偏截止

3. 正、负、正向、导通

4. 正向电压、0.7、0.3

5. 桥式、28

6. 直流、脉动、滤波、电容滤波、电感滤波、复式滤波

7. 并、串

8. 通过电路的自动调节而使输出电压保持恒定

9. 稳压电路、集成稳压器、5

10. 单相半波整流、整流桥被短路、整流桥被短路、整流桥被短路

第 6 章

12. $R_B = 300\text{k}\Omega$，$R_C = 4\text{k}\Omega$

14. （1）$I_B = 40\mu\text{A}$，$I_C = 2\text{mA}$，$U_{CE} = 6\text{V}$

　　（2）$A_u = -88.23$，$r_i = 0.847\text{k}\Omega$，$r_o = 3\text{k}\Omega$

第 7 章

一、填空题

1. 2^3、2^2、2^1、2^0

2. $(7)_{10} = (111)_2$，$(88)_{10} = (1011000)_2$，$(125)_{10} = (1111101)_2$，$(48)_{10} = (110000)_2$

3. $(1011)_2 = (11)_{10}$，$(11101)_2 = (29)_{10}$，$(10110)_2 = (22)_{10}$，$(100011)_2 = (35)_{10}$

4. $(0111\ 0011\ 0101)_2 = (1845)_{10}$

5. 与门、或门、非门

6. 2、原状态不变

7. 空翻

8. "1" 态

二、判断题

1. ×　2. ×　3. ✓　4. ✓

三、分析题

1. （1）与门

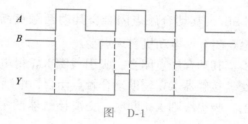

图　D-1

（2）或门

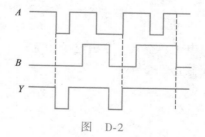

图　D-2

（3）与非门

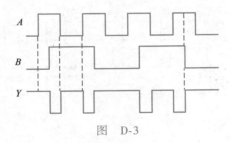

图　D-3

2.

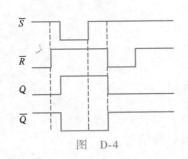

图　D-4

3.

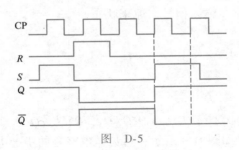

图　D-5

4.

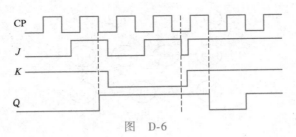

图　D-6

5.

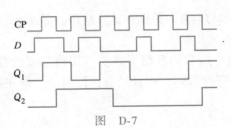

图　D-7

6.

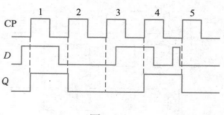

图　D-8

第 8 章

一、填空题

1. 同步、异步

2. 存储、反馈

3. 255

4. n

5. 计数器

6. 二进制代码、高低电平或脉冲信号

7. 译码器、驱动器、显示器

8. 即刻输入、即刻输出、输入信号、原来状态

二、判断题

1. ×　2. ×　3. ×　4. ×

三、分析题

1. 解：状态方程为：

$Q_0^{n+1} = \overline{Q_2}\,\overline{Q_1} + \overline{Q_1}\,\overline{Q_0}$，$Q_1^{n+1} = \overline{Q_1}Q_0 + \overline{Q_2}Q_1\,\overline{Q_0}$，$Q_2^{n+1} = \overline{Q_2}Q_1Q_0 + Q_2\,\overline{Q_1}$

画出电路状态转换图，如图 D-9 所示，可见，电路是同步七进制加法计数器。

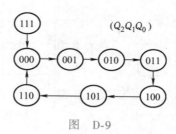

图　D-9

2. $a = c = d = e = f = g = 0$，$b = 1$

3. 寄存器用来暂时存放参与运算的数据和运算结果，寄存器由触发器等构成。寄存器分为数码寄存器和移位寄存器两种。

4. 数码寄存器只供暂时存放数码，根据需要可用将存放的数码随时取出参加运算或进行处理。移位寄存器不仅能寄存数码，而且具有移位功能，即在移位脉冲的作用下实现数码逐次左移或者右移。

5. 解：

驱动方程：$J_1 = K_1 = 1$，$J_2 = K_2 = \overline{Q_1}$

状态方程：$Q_1^{n+1} = J_1 \overline{Q_1^n} + \overline{K_1} Q_1^n = \overline{Q_1^n}$，$Q_2^{n+1} = J_2 \overline{Q_2^n} + \overline{K_2} Q_2^n = \overline{Q_1^n} \, \overline{Q_2^n} + Q_1^n Q_2^n$

状态转换图如图 D-10 所示。

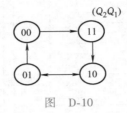

图 D-10

6. 解：根据题意，状态转换图如下：

$(Q_3 Q_2 Q_1 Q_0)$

$$0000 \longrightarrow 0001 \longrightarrow 0010 \longrightarrow 0011 \longrightarrow 0100 \longrightarrow 0101$$
$$1100 \longleftarrow 1011 \longleftarrow 1010 \longleftarrow 1001 \longleftarrow 1000 \longleftarrow 0111 \longleftarrow 0110$$

$Q_3^{n+1} = Q_3 \overline{Q_2} + \overline{Q_3} Q_2 Q_1 Q_0$

$Q_2^{n+1} = \overline{Q_3} Q_2 \overline{Q_1 Q_0} + \overline{Q_2} Q_1 Q_0$

$Q_1^{n+1} = \overline{Q_1} Q_0 + Q_1 \overline{Q_0}$

$Q_0^{n+1} = \overline{Q_0} \, \overline{Q_3 Q_2}$

$J_3 = Q_2 Q_1 Q_0$，$K_3 = Q_2$

$J_2 = Q_1 Q_0$，$K_2 = Q_3 + Q_1 Q_0$

$J_1 = K_1 = Q_0$

$J_0 = \overline{Q_3 Q_2}$，$K_0 = 1$，

因此电路接线如图 D-11 所示。

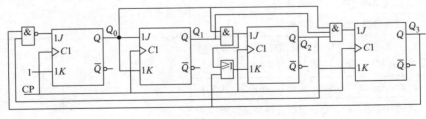

图 D-11

该电路能自启动，因为：

$(Q_3 Q_2 Q_1 Q_0)$

$$1111 \longrightarrow 0000 \longrightarrow 0001 \longrightarrow 0010 \longrightarrow 0011 \longrightarrow 0100 \longrightarrow 0101$$
$$1100 \longleftarrow 1011 \longleftarrow 1010 \longleftarrow 1001 \longleftarrow 1000 \longleftarrow 0111 \longleftarrow 0110$$

（其中 1101、$1110 \to 0010$）

7.

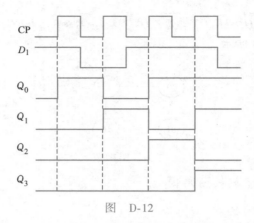

图　D-12

附录 E　技能训练评价表

班级		姓名		学号			组别	
技能训练名称：					小组自评		教师评价	
评分标准				扣分	得分	扣分	得分	
一、知识点的掌握与接线（40分）	1. 能独立完成电路原理分析（10分）							
	2. 元器件的选择及使用正确（10分）							
	3. 电路连接正确、合理，用线尽量少（20分）							
	4. 未能按图接线、虚接、漏接、错接每处扣2分							
	5. 接线时短路，每处扣10分							
二、调试（30分）	1. 能正确自检电路接线（10分）							
	2. 能准确完成电路功能的测试（20分）							
	3. 正确使用仪器仪表，若操作不当，扣5分							
	4. 接线出现短路，每处扣10分							
	5. 带电接线、拆线，每次扣5分							
三、组织协作（10分）	1. 小组在接线、检查、调试过程中的出勤情况、协作程度、分工情况（10分）							
	2. 个人在小组中不参与、不动手、不协作，扣5分							
四、分析报告（10分）	调试测试结束后，能够准确分析测试数据，完成实践总结（10分）							
五、安全文明意识（10分）	不遵守操作规程，扣4分							
	任务完成没有整理现场，扣4分							
	举止欠文明，扣2分							
总分								

时间：　　年　　月　　日

参 考 文 献

[1] 杨利军，熊异．电工技能训练 [M]．3 版．北京：机械工业出版社，2015.
[2] 沈裕钟．电工学 [M]．3 版．北京：高等教育出版社，1983.
[3] 徐国和．电工学与工业电子学 [M]．5 版．北京：高等教育出版社，1993.
[4] 陈小虎．电工电子技术（多学时）[M]．3 版．北京：高等教育出版社，2010.
[5] 白乃平．电工基础 [M]．4 版．西安：西安电子科技大学出版社，2018.
[6] 刘介才．供配电技术 [M]．4 版．北京：机械工业出版社，2017.
[7] 储克森．电工电子技术 [M]．2 版．北京：机械工业出版社，2012.
[8] 顿秋芝．电工电子技术 [M]．哈尔滨：哈尔滨工业大学出版社，2013.
[9] 田培成，沈任元，吴勇．模拟电子技术基础 [M]．3 版．北京：机械工业出版社，2015.
[10] 邱敏．电工电子技术基础：上册（电工）[M]．2 版．北京：机械工业出版社，2005.